量 子 力 学

宋建军　杨　雯　编著

西安电子科技大学出版社

内 容 简 介

　　本书主要介绍了量子力学的基本原理及其在微电子专业本科学习过程中的典型应用。全书共四章，第一章为微粒二象性与状态描述，第二章为薛定谔方程的简单应用，第三章为力学量的算符表示与表象理论，第四章为微扰理论及其应用。

　　本书不仅注重基础知识的介绍，还与量子力学课堂教学紧密结合起来，以激发学生兴趣为主，引导读者快速地进入量子世界。本书可作为微电子专业本科生的入门教材，也可作为其他专业本科生及研究生的参考书。

图书在版编目(CIP)数据

量子力学/宋建军，杨雯编著. —西安：西安电子科技大学出版社，2018.12
ISBN 978 - 7 - 5606 - 5120 - 0

Ⅰ. ① 量… Ⅱ. ① 宋… ② 杨… Ⅲ. ① 量子力学 Ⅳ. ① O413.1

中国版本图书馆 CIP 数据核字(2018)第 238689 号

策划编辑	戚文艳
责任编辑	张 倩
出版发行	西安电子科技大学出版社(西安市太白南路 2 号)
电　话	(029)88242885　88201467　　邮　编　710071
网　址	www.xduph.com　　　电子邮箱　xdupfxb001@163.com
经　销	新华书店
印刷单位	陕西天意印务有限责任公司
版　次	2019 年 1 月第 1 版　2019 年 1 月第 1 次印刷
开　本	787 毫米×1092 毫米　1/16　印张 7.75
字　数	175 千字
印　数	1~3000 册
定　价	18.00 元

ISBN 978 - 7 - 5606 - 5120 - 0/O

XDUP 5422001 - 1

＊＊＊如有印装问题可调换＊＊＊

作者简介

宋建军

山西大同人，1979 年 8 月生。2001 年 9 月毕业于太原理工大学，获无机非金属材料专业学士学位。2002 年 9 月师从西安电子科技大学曹全喜教授，研习 ZnO 压敏变阻器制备技术，并于 2005 年 3 月获得电子元器件专业硕士学位。同年 9 月，师从西安电子科技大学张鹤鸣教授，攻读微电子学与固体电子学专业博士学位。2008 年 12 月博士毕业后留校任教至今，主讲"量子力学"课程，并从事 Si 基应变材料与器件以及 Si 基同层单片光电集成技术的研究工作。2015 年 9 月—2016 年 9 月，在国家留学基金委的资助下，在澳大利亚新南威尔士大学 Martin Green 先生团队访学一年，主要开展 Si 基 Ge 虚衬底激光再晶化技术的研究工作。目前，个人教研兴趣涉及量子器件物理、高等量子力学、量子通信、量子计算等方面，科研方向主要集中于激光再晶化技术与无线能量传输技术两个方面。

杨雯

一个来自新疆伊犁的 95 后姑娘。本科毕业于西安电子科技大学微电子学院，同年录取为该院 2017 届研究生，师从宋建军老师。研究方向为新型半导体器件与集成电路设计，同时对量子力学的学习有着浓厚的兴趣。

前　　言

　　量子力学是描述微观物质的理论，与相对论一起被认为是现代物理学的两大基本支柱。这一理论的发展不仅革命化地改变了人们对物质结构及其相互作用的理解，还科学地揭示了许多奇怪的变化规律，甚至准确预言了很多无法用直觉想象出来的现象。"量子力学"是微电子专业学生学习"固体物理"、"半导体物理"等课程的基础，也是从事量子器件研究的基础。因此，教师后续专业课程能否顺利开展与学生对该课程的掌握程度密切相关。基于作者长期从事微电子专业"量子力学"课程教学的课堂经验，我们编写了这本适合微电子专业学生课堂学习或研究参考的书籍。

　　"教师难讲、学生难学"是该课程长期存在的教学问题究其原因，作者认为可归纳为以下几点：

　　(1) 学习量子力学需先修多门数学课程，且有的内容必须达到熟练应用的程度。而实际情况是，学生知道其内容而不能熟练应用，这造成了量子力学中因数学问题而产生的教学难点。

　　(2) 量子力学中许多概念抽象、难于理解，如位置与动量为何不能同时测定、表象理论如何理解、本征值问题的求解等。因此，老师与学生之间的互动、学生之间的讨论、课后学生的独立思考这些环节愈发重要。特别是课后学生独立思考这一环节，对教材提出了非常高的要求。

　　(3) 学以致用是学习的最终目标；反过来，应用也可以使所学内容更加扎实、深刻。例如，基于量子力学中的简并、非简并微扰理论及与时间相关的微扰理论(含时微扰理论)，可分别推导获得半导体物理中晶体 Si 价带顶、导带底 E-k 关系及载流子散射概率这三个重要的物理概念。而遗憾的是，常见量子力学和半导体物理均未对其予以细致推导，间接限制了学生对这些重要理论及其应用的深刻理解。

　　为此，本书针对目前量子力学教学面临的问题，拟重点突破量子力学因数学问题而产生的教学难点，解决量子力学抽象概念具体化的学习难点，补充量子力学面向微电子应用的相关内容，旨在为微电子专业学生深刻理解量子力学的主要理论及其应用提供重要的参考。

全书共四章，第一章为微粒二象性与状态描述，揭示了微观粒子的波粒二象性，建立了描述微观粒子状态随时间变化的薛定谔方程；第二章为薛定谔方程的简单应用，以一维无限深势阱、线性谐振子和氢原子问题为例，重点介绍了定态薛定谔方程的求解过程；第三章为力学量的算符表示与表象理论，重点讨论了量子力学的力学量与算符及其对应本征值的本征函数的特点，以及如何将薛定谔波动力学微分方程转化为海森堡矩阵力学形式；第四章为微扰理论及其应用，包括非简并/简并微扰理论、含时微扰理论，以及半导体物理中晶体 Si 导带、价带结论和载流子散射概率解算中的应用。

　　仍要补充说明的是，本书面向微电子专业学生，以引导学生量子力学入门、激发兴趣为主。以工程思维解决理科问题，难免出现一些不严谨之处，例如本征值讨论过程中未考虑连续谱的情况，读者可以在日后高等量子力学的学习中补充强化。

　　最后，感谢为本书的出版做出贡献的老师和学生们。感谢赵新燕、包文涛、魏青、陈航宇、张洁对于本书的帮助，感谢课题组其他同学对于本书出版所做的努力。感谢西安电子科技大学出版社对本书出版的大力协助，我们十分高兴和戚文艳编辑、张倩编辑一起工作，在此一并深表谢意。

宋建军

2018 年 10 月 5 日

目　　录

第一章 微粒二象性与状态描述

量子力学是反映微观粒子(分子、原子、原子核、基本粒子等)运动规律的理论,它是微电子专业同学今后学习固体物理和半导体物理的基础理论之一。

本章将以旧量子论中经典的光电效应和原子结构的玻尔理论为引例,简要介绍量子力学的诞生过程,重点揭示微观粒子的波粒二象性(简称微粒二象性)。在同学们脑海中构建了微粒二象性的理念后,本章将进一步讨论量子力学理论中是如何描述这种具有波粒二象性的微观粒子的状态的,并建立描述微观粒子状态随时间变化的薛定谔方程。

1.1 量子力学的形成与应用

1.1.1 旧量子论

论述量子力学的诞生过程,通常从经典物理学(包括牛顿力学、麦克斯韦电磁理论、热力学、统计物理学等)遇到的困难出发。即,在量子力学诞生之前,出现了一些使用经典物理理论无法解释的实验现象,而这也预示着一个新的理论即将诞生。

本书将以同学们相对熟悉的光电效应和原子结构的玻尔理论为例,说明经典物理学为何无法解释这些实验现象,并为解释这些物理现象,介绍了科学家们提出的一些假说,也即旧量子论。

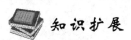 知识扩展

1927 年,第五届索尔维会议在比利时布鲁塞尔召开。因为发轫于这次会议的阿尔伯特·爱因斯坦与尼尔斯·玻尔两人的大辩论,这次索尔维会议被冠之以"最著名"的称号。虽然已经过去将近一百年,但是至今没有第二张照片能集中如此之多的人类精英。

索尔维会议照片

1. 光电效应

在高于某特定频率的电磁波照射下,某些物质内部的电子会被光子激发出来而形成电流,即光生电。光电现象由德国物理学家赫兹于 1887 年发现,而正确的解释为爱因斯坦所提出。图 1-1 所示为光电效应实验图。

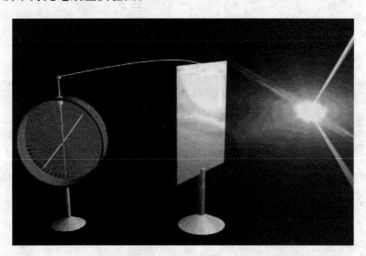

图 1-1　光电效应实验图

1) 实验现象

(1) 由一定金属材料制成的、表面光洁的电极都有一个确定的临界频率 ν_0。当照射光频率 $\nu < \nu_0$ 时,无论光的强度多大,照射时间多长,都不会观测到光电子从电极上逸出。

(2) 每个光电子的能量只与照射光的频率 ν 有关,而与光的强度无关。光的频率越高,光电子的能量就越大,而光强只影响光电流的强度,即单位时间从金属电极单位面积上逸出的光电子的数目。

(3) 当入射光的频率 $\nu > \nu_0$ 时,不管光多微弱,只要光一照上,几乎立刻(10^{-9} s)便可观测到光电子,这与经典电磁理论的计算结果很不一致。

2）实验讨论

经典电磁理论不能对以上实验现象作出圆满解释，原因如下（这里只讲一条，重在帮助大家理解经典电磁理论的困难之处）：按光的电磁理论，光的能量正比于光的强度（波幅的平方），因此任何频率的光，只要有足够大的强度，且照射时间足够长，都能使电子获得足够的能量而逸出金属表面，这与光电效应的第一个现象矛盾。

3）光子假说

经典理论认为，光只具有波动性。爱因斯坦是第一个完全肯定光具有波粒二象性的人，他引入光子（粒子性）的概念，成功解释了光电效应，并因此获得 1921 年的诺贝尔物理学奖。

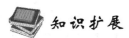 **知识扩展**

阿尔伯特・爱因斯坦（Albert Einstein，1879 年 3 月 14 日—1955 年 4 月 18 日），出生于德国符腾堡王国乌尔姆市，毕业于苏黎世大学，犹太裔物理学家。在 1927 年的索尔维会议上，同哥本哈根学派就量子力学的解释问题进行了激烈论战。爱因斯坦为核能开发奠定了理论基础，开创了现代科学新纪元，被公认为是继伽利略、牛顿以来最伟大的物理学家。

爱因斯坦

爱因斯坦认为，当光照射到金属表面时，能量为 $h\nu$ 的光子被电子所吸收。电子把能量的一部分用来克服金属表面对它的束缚，另一部分就是电子离开金属表面后的动能。

注：电磁波的发射和吸收不是连续的，而是一份一份的。这样的一份能量叫做能量子，每一份能量子等于 $h\nu$，ν 为辐射电磁波的频率，h 为一常量，即普朗克常数。

能量关系为

$$\frac{1}{2}\mu v_m^2 = h\nu - W_0 \tag{1-1}$$

光子不但具有确定的能量 $E = h\nu$，而且具有动量。由相对论知，以速度 v_m 运动的粒子的能量是

$$E = \frac{\mu_0 c^2}{\sqrt{1 - v_m^2/c^2}} \rightarrow \mu_0 = \frac{E}{c^2}\sqrt{1 - \frac{v_m^2}{c^2}} \tag{1-2}$$

由相对论的能量-动量关系式

$$E^2 = \mu_0^2 c^4 + c^2 p^2 \tag{1-3}$$

得到光子能量 E 和动量 p 的关系为

$$E = cp \tag{1-4}$$

即

$$p = \frac{E}{c} = \frac{h\nu}{c} = \frac{h}{\lambda} \tag{1-5}$$

所以光子的能量和动量分别为

$$E = h\nu = \hbar\omega, \quad p = \frac{h}{\lambda}\boldsymbol{n} = \hbar\,\boldsymbol{k} \tag{1-6}$$

其中，$\hbar = h/2\pi = 1.0545 \times 10^{-34}$ J·s，称为约化普朗克常数；ω 表示角频率，与频率 ν 的关系为 $\omega = 2\pi\nu$；$\boldsymbol{n}$ 为光子运动方向的单位矢量，$\boldsymbol{k} = \dfrac{2\pi\nu}{c}\boldsymbol{n} = \dfrac{2\pi}{\lambda}\boldsymbol{n}$ 为波矢。

可见，关系式（1-6）把光的二重性——波动性和粒子性联系起来。等式左边的动量和能量是描写粒子性的，而等式右边的频率和波长则是波的特性。

注：等号表明了光的波动性与粒子性的内在统一，并非单纯的相等。

光子假说揭示了光的粒子性，但这并不否定光的波动性，因为光的波动理论早被光的干涉、衍射等现象所完全证实。这样，光便具有粒子性和波动性的双重性，这种性质称为光的波粒二象性。

2. 原子结构的玻尔理论

氢原子光谱（Atomic Spectrum of Hydrogen）是最简单的原子光谱。氢原子光谱首先由 A. 埃斯特朗从氢放电管中获得，后来，W. 哈根斯和 H. 沃格耳等在拍摄恒星光谱中也发现了氢原子光谱。玻尔描述的氢原子光谱如图 1-2 所示。

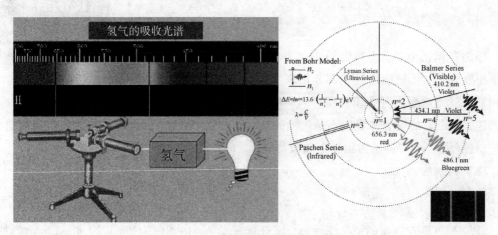

图 1-2　玻尔描述的氢原子光谱

1）实验现象

经典理论在原子结构问题上也遇到了不可克服的困难。汤姆逊发现电子后，α 粒子散射实验证实了大核的存在，卢瑟福提出了"大核+轨道"的原子模型结构。在当时的条件下，原子光谱是了解原子的唯一途径。实验表明，氢原子光谱是由许多分立的谱线组成的。

2）实验讨论

经典理论无法从氢原子的结构来解释氢原子光谱的这些规律性，其原因在于经典理论不能建立一个稳定的原子模型。

根据经典动力学可知，电子环绕原子核的运动（见图 1-3）是加速运动，它会以辐射的方式不断发射出能量，从而使得电子运动轨道的曲率半径不断减小，最后电子将落到原子核中去。

此外,加速电子所产生的辐射,其频率是连续分布的,这与原子光谱是分立的谱线不符。

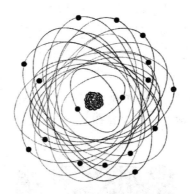

图 1-3 电子环绕原子核的运动

波长的倒数称为波数,单位是 m^{-1}。氢原子光谱(见图 1-4)的各谱线系的波数可用一个普遍公式表示:

$$\sigma = R_H \left(\frac{1}{m^2} - \frac{1}{n^2} \right)$$

式中,R_H 称为氢原子里德伯常数,该式也称为广义巴耳末系公式。

图 1-4 氢原子光谱图

氢原子光谱现已命名的六个线系(见图 1-5,图中并未显示汉弗莱系)如下:

莱曼系 $n=1$,$m=2,3,4,\cdots$ 紫外区

巴耳末系 $n=2$,$m=3,4,5,\cdots$ 可见光区

帕邢系 $n=3$,$m=4,5,6,\cdots$ 红外区

布拉开系 $n=4$,$m=5,6,7,\cdots$ 近红外区

普丰特系 $n=5$,$m=6,7,8,\cdots$ 远红外区

汉弗莱系 $n=6$,$m=7,8,9,\cdots$ 远红外区

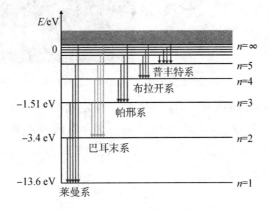

图 1-5 氢原子光谱的各谱线系图

3）玻尔假说

为了解释氢原子结构问题，玻尔将量子化条件应用于原子结构，提出了玻尔假说——"定态假设(粒子性)和跃迁假设(波动性)"，即电子在原子中不可能沿着经典理论所允许的每一个轨道运动，而只能沿着其中一组特殊的轨道运动。

当第 1 能级已经包含了 2 个电子时，其他多余的电子就必须进入到第 2 能级，第 2 能级可以容纳 8 个电子。电子总是会尽可能地跃迁到最低能级，但是它们不会在能级之间塌陷。这就是所有的电子都不会坍缩到原子核附近的原因，因为它们根本做不到。原子核内部示意图如图 1-6 所示。

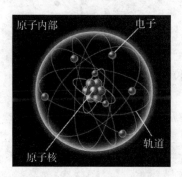

图 1-6   原子核内部示意图

目前，比较先进的可视化技术对氢原子各个电子轨道模拟的可视效果图如图 1-7 所示。

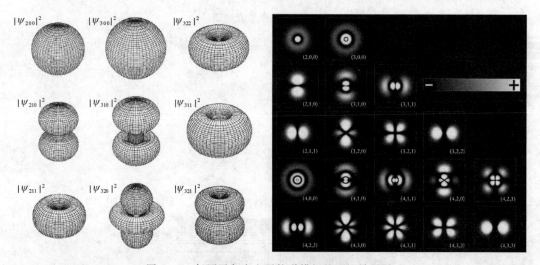

图 1-7   氢原子各个电子轨道模拟的可视效果图

玻尔假设沿这一组特殊的轨道运动的电子处于稳定状态(简称定态)，当电子保持在这种状态时，它们不吸收也不发射，只有当电子由一个定态跃迁到另一个定态时，才产生辐射的吸收或发射现象。电子由能量为 E_m 的定态跃迁到能量为 E_n 的定态所吸收或发射的辐射的频率 ν 满足下面的关系：

$$\nu = \frac{|E_n - E_m|}{h}$$

$(1-7)$

由于光子假说、玻尔理论等仅适用于某一个相对应的实验现象（经典理论无法解释），尚未形成对整个微观粒子运动规律的相关理论，因此称为旧量子论。直到 1924 年，德布罗意揭示出微观粒子具有根本不同于宏观质点的性质——波粒二象性后，一个较完整的描述微观粒子运动规律的理论——量子力学才逐步建立起来。

1.1.2 微观粒子的波粒二象性

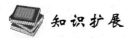 **知识扩展**

　　　　路易·维克多·德布罗意（Louis Victor Duc de Broglie，1892 年 08 月 15 日—1987 年 03 月 19 日）出生于迪耶普，法国理论物理学家，波动力学的创始人，物质波理论的创立者，量子力学的奠基人之一。1929 年德布罗意获诺贝尔物理学奖，1932 年任巴黎大学理论物理学教授，1933 年被选为法国科学院院士。

德布罗意

　　玻尔理论所遇到的困难说明了探索微观粒子运动规律的迫切性。为了达到这个目的，在光的波粒二象性的启发下，科学家德布罗意认为：对光的研究重视了光的波动性而忽略了光的微粒性；在对实体的研究，过分重视实体的粒子性而忽略了实体的波动性，但所有微观粒子应该是均具有波粒二象性的。

　　据此，德布罗意提出了微观粒子也具有波动性的假说，标志着量子理论的诞生。德布罗意把粒子和波通过下面的数学关系式联系起来，说明粒子的能量 E 和动量 p 与波的频率 ν 和波长 λ 之间的关系，正像光子和光波的关系一样。

$$\begin{cases} E=h\nu=\hbar\omega \\ p=\dfrac{h}{\lambda}\boldsymbol{n}=\hbar\boldsymbol{k} \end{cases} \tag{1-8}$$

这个公式称为德布罗意公式，或德布罗意关系。

　　下面我们讨论微观粒子中"最简单"的自由粒子，通过自由粒子波的计算实例，看看会有什么样的发现。

　　设自由粒子的动能为 E，粒子的速度远小于光速，则 $E=p^2/2\mu$。由式（1-8）可知，自由粒子相应的波长为

$$\lambda=\frac{h}{p}=\frac{h}{\sqrt{2\mu E}} \tag{1-9}$$

　　如果电子被电势差 U 加速，则 $E=eU$，e 是电子电荷的大小。将 h、μ、e 的数值代入可得

$$\lambda=\frac{h}{\sqrt{2\mu eU}}\approx\frac{12.25}{\sqrt{U}}\ \text{Å} \tag{1-10}$$

由此可知，用 150 V 的电势差所加速的电子，其波长为 1 Å(1 Å$=10^{-10}$ m)，而当 $U=$ 10 000 V 时，$\lambda=0.122$ Å，所以自由粒子的波长在数量级上相当于(或略小于)晶体中的原子间距，它比宏观线度要短得多，这可用来说明电子波动性长期未被发现的原因。

同样，当物体的特征线度远大于它的波长时，可忽略粒子的波动性。例如，质量为 100 g 的一块石头以 100 cm/s 的速度飞行，其波长是

$$\lambda=\frac{h}{\sqrt{2\mu E}}=\frac{h}{p}=\frac{h}{mv}=\frac{6.6\times10^{-34}}{100\times10^{-3}\times100\times10^{-2}}=6.6\times10^{-23}\text{ Å}$$

由此可见，对于一般的宏观物体，其物质波的波长是很小的，很难显示波动性。

进一步，我们基于德布罗意关系，讨论自由粒子波函数的数学表达式。顾名思义，自由粒子的能量和动量应都是常量，所以由德布罗意关系式可知，与自由粒子联系的波，它的频率 ν 和波长 λ 都是不变的(即平面波)。

频率为 ν，波长为 λ，沿 x 方向传播的平面波可用式(1-11)表示：

$$\Psi=A\cos\left[2\pi\left(\frac{x}{\lambda}-\nu t\right)\right] \tag{1-11}$$

如果波沿单位矢量 $\boldsymbol{n}$ 的方向传播，则

$$\Psi=A\cos\left[2\pi\left(\frac{\boldsymbol{r}\cdot\boldsymbol{n}}{\lambda}-\nu t\right)\right]=A\cos[\boldsymbol{k}\cdot\boldsymbol{r}-\omega t] \tag{1-12}$$

最后一步推导用了 $\nu=\dfrac{\omega}{2\pi}$ 和 $\boldsymbol{k}=\dfrac{2\pi}{\lambda}\boldsymbol{n}$。

把式(1-12)改写成复数形式，并将式(1-8)代入可得

$$\Psi=A\mathrm{e}^{\frac{\mathrm{i}}{\hbar}(\boldsymbol{p}\cdot\boldsymbol{r}-Et)} \tag{1-13}$$

该表达式即为自由粒子的波函数，这种波也被称为德布罗意波。

最后要说明的是，德布罗意假说的正确性，在 1927 年被 Davisson 和 Germer 所做的电子衍射实验证实，该实验直观地表明电子具有波粒二象性。电子衍射花纹图案如图 1-8 所示。

图 1-8　电子衍射花纹图案

1.1.3　量子力学的应用

量子力学是对经典物理学在微观领域中的一次革命。它有很多基本特征，如不确定性、波粒二象性等，且这些基本特性在原子和亚原子的微观尺度上将变得极为显著。量子力学

是现代物理学基础之一，在低速、微观的现象范围内具有普遍适用的意义。量子力学有很多不能解决的事，但都不是量子力学本身理论缺陷问题，而是怎样使用量子力学的问题，或是怎样将量子力学与其他物理分支统一起来的问题。与量子力学有关的前沿研究领域十分广泛，例如量子计算、量子通信等。

1. 量子计算

量子力学态叠加原理使得量子信息单元可以处于多种可能性的叠加状态，从而导致量子信息处理在效率上相比于经典信息处理具有更大潜力。普通计算机中的 2 位寄存器在某一时间内仅能存储 4 个二进制数（00、01、10、11）中的一个，而量子计算机中的 2 位量子位（qubit）寄存器可同时存储这 4 种状态的叠加状态。随着量子比特数目的增加，对于 n 个量子比特而言，量子信息可以处于 2 种可能状态的叠加，配合量子力学演化的并行性，可以展现比传统计算机更快的处理速度。2017 年 1 月，D-Wave 公司推出 D-Wave 2000Q，他们声称该系统由 2000 个 qubit 构成，可以用于求解最优化、网络安全、机器学习和采样等问题。对于一些基准问题，如最优化问题和基于机器学习的采样问题测试，D-Wave 2000Q 胜过当前高度专业化的算法 1000～10 000 倍。

2. 量子通信

量子通信是指利用量子纠缠效应进行信息传递的一种新型通信方式。量子通信是近二十年发展起来的新型交叉学科，是量子论和信息论相结合的新研究领域。量子通信主要涉及：量子密码通信、量子远程传态和量子密集编码等，近来这门学科已逐步从理论走向实验，并向实用化方向发展。高效安全的信息传输日益受到人们的关注，基于量子力学的基本原理也已成为国际上量子物理和信息科学的研究热点。随着量子通信技术的成熟，其应用范围将不断扩大。据前瞻产业研究院提供的《量子通信行业发展前景与投资战略规划分析报告》预计，到 2021 年，量子通信在政府服务领域应用占比将达到 30%；金融领域应用次之，占比为 22%；商业领域、国防军事紧随其后，占比分别为 20%、16%。另外，短期来看，国内量子通信市场规模为 100～130 亿元；长期来看，市场规模将超过千亿，可想象空间巨大。图 1-9 为墨子号与天地一体化量子保密通信网络。

图 1-9 墨子号与天地一体化量子保密通信网络

1.2　状态与波函数

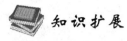
知识扩展

　　波函数到底是什么，一直是量子力学中的一个基本问题。百年来，波函数的本质问题就像是迷雾一般弥散在人们眼前，阻碍了人们对神秘量子世界的清晰认识。依据波函数理论衍生出来的诸如激光、半导体和核能等高新技术，深刻地改变了人类社会的生活方式，那么作为量子力学核心观念的波函数在实际中的意义又如何，一直以来都是众说纷纭，并无共识。中国科学院院士孙昌璞曾表示，直到今天，量子力学发展还是处在一种令人尴尬的二元状态：在应用方面一路高歌猛进，在基础概念方面却莫衷一是。

　　哥本哈根概率波诠释：波恩、海森堡和玻尔所支持的哥本哈根诠释，是现在的主流派。哥本哈根概率波诠释认为波函数没有物理本质，仅是一种数学描述，可用来计算微观物体在某一处出现的概率，且只要计算结果与实验结果相符即可。

　　德布罗意导航波诠释：波函数就是一个引导波，粒子按照这个波函数的引导走。也就是说，粒子行走的位置是被一个波函数引导好的。

　　埃弗莱特多世界诠释：多世界理论由美国物理学家休·埃弗莱特提出。多世界理论认为当粒子经过双缝后，会出现两个不同的世界，在其中一个世界里粒子穿过了左边的缝隙，而在另一个世界里粒子则通过了右边的缝隙。波函数不需要"坍缩"，去随机选择左还是右，事实上两种可能都会发生。

　　同时在量子力学的发展过程中，科学家们还提出过很多有趣的设想。例如薛定谔的猫、平行宇宙、上帝不会掷骰子和波函数坍缩等。

　　把一只猫放进一个封闭的盒子里，这只猫面对着一支枪。枪与一台盖革计数器相连，而盖革计数器又与一块铀相连。铀原子是不稳定的，它将发生放射性衰变。如果某个铀原子核发生衰变，它就会被盖革计数器捕捉到，接着盖革计数器将会扣动枪上的扳机，枪射出的子弹将会把猫杀死。那么，一小时后，这只猫是死还是活呢？猫的生死将取决于放射性原子的状态，看它是否发生衰变。这样，薛定谔就将微观系统的状态与宏观事物的状态一一对应。微观粒子的状态可以用波函数来描述，那么猫的生死状态也将由波函数描述。由于放射性原子核处于量子叠加态，因此，猫也将处于生死叠加态。

薛定谔的猫

　　1957年，物理学家休·埃弗莱特提出了一种可能性，即宇宙在演化过程中，不断像道路上的分岔那样一"裂"为二。在一个宇宙中，铀原子不会发生蜕变，猫不会被射杀。在另一个宇宙

平行宇宙

中，铀原子发生了蜕变，猫被射杀。在某一个宇宙中，猫或许是死的；而在另一个宇宙中，猫又是活的。如果埃弗莱特是对的，那么就存在无穷多个宇宙。每一个宇宙通过道路上的分岔跟其他各个宇宙相连。

对于量子力学中的不可精确预期性或随机性存在好几种不同的解释。其中有两个主要的派别：一是"哥本哈根学派"，由大多数量子物理学家所持守，二是以爱因斯坦为代表的少数非正统派。"哥本哈根学派"以为量子力学（包括量子力学测量）对微观物理系统的描述是完备的。言下之意，随机性或不可精确预期性是客观物理世界的一个根本方面。爱因斯坦至死都不接纳这种观点。他认为量子力学的描述是不完备的，随机性或不可精确预期性不是客观物理世界的根本方面，只不过是人们对它的认识不完备而已。"上帝不会掷骰子"这句话，正是爱因斯坦用宗教的术语来表达他对量子力学和客观物理世界的根本看法。

上帝不会掷骰子

波函数坍缩，指该概率值崩溃。当我们观察基本粒子时，同一粒子在同一时间会出现在不同的空间，即同一时间下观察粒子存在多种状态。这是因为观测本身对粒子起了作用，我们观察到的粒子呈现的都是叠加状态，而非本征状态。换句话说，本征状态无法被观测到，无法被观测到的东西就无法证明其准确状态，那么它所在的空间位置也无法得出正确值。所以薛定谔方程只是理论方程，波函数只是一个理论函数。不进行观测，在默认的粒子本征态下薛定谔方程可以阐述粒子波动规律。但是在观测下，波函数崩溃，粒子特性无法被认知。

波函数坍缩

德布罗意微观粒子波粒二象性的假说，标志着量子理论的诞生。然而，这仅是量子理论构建与完善的"起点"。类似经典牛顿力学，紧接着我们将需要考虑的问题是，这种具有波粒二象性的微观粒子的状态在理论上应该如何描述？是不是仍然可以用经典力学中描写质点状态的方式（r 与 p 方案，只要给出某时刻质点的位矢和动量，所关心的任意物理量，如能量、角动量等状态，均可以用 r 与 p 方案合成出来）？答案是否定的，本质上这是由于微观粒子具有波粒二象性，与经典牛顿力学有着本质的区别，因而不能再用经典力学中 r 与 p 方案来处理。或者，更直接地说，是因为微观粒子的 r，p 不可能同时具有确定值，当然也更谈不上使用该方案了。

1.2.1　r 与 p 方案不再适用

下面从光学角度出发，以显微测量实验为例，具体说明 r 与 p 方案不再适用于微观粒子状态描述的原因。

使用 r 与 p 方案描述微观粒子状态的前提是，能把 r 与 p 同时测量出来。微观粒子，例如电子、位矢和动量的测量需要利用显微仪器（电子显微镜），如图 1-10 所示。

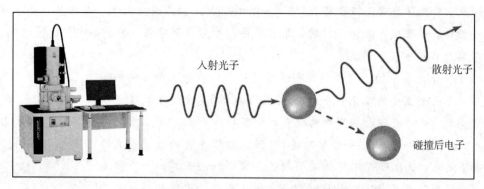

图 1-10　电子显微镜方法测定电子位置和动量的示意图

　　在用电子显微镜方法测定电子位置和动量的实验中，若用波长为 λ 的光来照射电子 A，并用透镜 B（θ 为透镜孔径角）来观察其位置，且用 x 表示坐标的位置，则根据光学理论，位置测量的不准确度 Δx 由式(1-14)决定（系统误差）。

$$\Delta x = \frac{\lambda}{\sin\theta} \qquad\qquad (1-14)$$

　　为了使位置尽可能测得准确一些，就要求 λ 越小越好，例如使用 γ 射线来测定。在这样的情况下，由于康普顿效应（类似高中课本中的碰撞问题），即 γ 射线的光子和电子发生碰撞之后会发生散射（α 是光子的散射角），γ 射线相应的频率也发生变化。只要利用仪器观测到 γ 射线散射后的频率，根据能量守恒和动量守恒原理，就可判断电子动量的相关信息。值得注意的是，如果我们要在显微镜下看到光子，则光子必须被电子散射于物镜所能观察到的范围之内，即 α 必须在 $90° - \theta$ 和 $90° + \theta$ 之间，将该值代入到依据能量守恒和动量守恒原理获得的电子动量关系式中（这里不细推导，只讲原理和思路），得到

$$\frac{h}{\lambda}(1 - \sin\theta) \leqslant p_x \leqslant \frac{h}{\lambda}(1 + \sin\theta)$$

因此电子的动量也有一个不准确的范围，即

$$\Delta p_x = \frac{h}{\lambda}\sin\theta$$

观察二式，$\Delta p_x = \frac{h}{\lambda}\sin\theta$，$\Delta x = \frac{\lambda}{\sin\theta}$，我们发现 $\Delta p_x \Delta x = h$。即，若想电子位置测得准确，则其动量就不能准确测定；而若想电子动量测得准确，则其位置就不能准确测定。

　　如前所述，使用 $\boldsymbol{r}$ 与 $\boldsymbol{p}$ 方案描述微观粒子状态的前提是，首先能把微观粒子 $\boldsymbol{r}$ 与 $\boldsymbol{p}$ 同时测量出来。由上可知，微观粒子的 $\boldsymbol{r}$ 与 $\boldsymbol{p}$ 不可能同时具有确定值，当然也更谈不上使用该方案了。

1.2.2　波函数的引进

　　微观粒子的状态描述无法再使用 $\boldsymbol{r}$ 与 $\boldsymbol{p}$ 方案，那么该问题应当如何考虑呢？回顾 1.1 节自由粒子也是一种微观粒子，我们使用德布罗意波描述自由粒子的状态，其波函数表达式为

$$\Psi = A e^{\frac{i}{\hbar}(p \cdot r - Et)} \qquad (1-15)$$

该表达式反映了波粒二象性。虽然式(1-15)是一个特例，但它提示我们，可能要用波函数描述微观粒子的状态，同时该波函数应反映(包含)粒子性，即我们的思路必须围绕波粒二象性这个本质来下功夫。

　　量子力学的理论都是在总结大量实验事实的基础上获得的，那么我们就必须先找一个能反映二象性的实验来。很自然地，我们想到了第一节的电子衍射实验。该实验能反映波粒二象性，其示意图如图1-11所示。电子衍射实验是用电子束透过金属薄膜，在荧光屏上观察电子衍射的图样，并通过衍射图测量电子波的波长的。

图1-11　电子衍射实验示意图

　　这个实验在1.1节中出现只为了说明微观粒子的波粒二象性，其完整的实验现象(见图1-12)1.1节尚未给出，具体如下：

　　(1) 当入射电子流强度很大时，照片很快出现了衍射图样(反映了波动性)。

　　(2) 当入射电子流强度很小，甚至一个一个出现时，照片上出现了一个一个的电子(反映了粒子性)。同时注意到，照片开始杂乱无章，但随着时间的延长，出现了与(1)同样的衍射图样(反映了二象性的有机统一)。

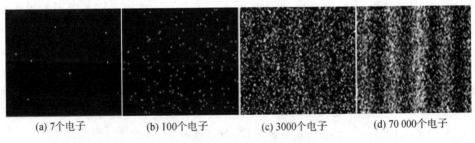

(a) 7个电子　　　(b) 100个电子　　　(c) 3000个电子　　　(d) 70 000个电子

图1-12　电子衍射实验现象

　　为了深刻理解此实验(反映了二象性有机统一)，先给出一个数学概念。

　　位置测量了 N 次，N_1 次在 L_1，N_2 次在 L_2，总概率为1，$\sum$（N_1/N（N_1/N 表示 L_1 的概率）＋N_2/N＋…）。配合起来理解是：实验所显示的电子的波动性是许多电子在同一实验中统计的结果，或者是一个电子在许多次相同实验中统计的结果，强度越大，出现次数越多，概率越大(粒子性)。所以，应该尝试用这种与概率相关的波函数(内含概率特性，反映粒子性)来描述微观粒子的状态。

事实上也确实如此，玻恩就是在这个基础上，提出了波函数的统计解释，即：波函数在空间中某一点的强度（振幅绝对值的平方）和在该点找到粒子的概率成比例。按照这种解释，描写粒子状态应采用波函数，且其是概率波。

 知识扩展

马克斯·玻恩（Max Born，1882 年 12 月 11 日—1970 年 1 月 5 日），德国犹太裔理论物理学家、量子力学奠基人之一，因对量子力学的基础性研究，尤其是对波函数的统计学做出了诠释而获得 1954 年的诺贝尔物理学奖。除了在物理领域的杰出研究外，玻恩还是"哥廷根十八人"之一，《哥廷根宣言》的签署人，旨在反对德国联邦国防军使用原子武器装备。

玻恩

现在，我们根据波函数的这种统计解释再来看看衍射实验。粒子被晶体反射后，描述粒子的波发生衍射，在衍射图样中，会有许多衍射极大和衍射极小。在衍射极大的地方，波的强度大，每个粒子投射到这里的概率也大，因而投射到这里的粒子多；在衍射极小的地方，波的强度很小或等于零，粒子投射到这里的概率也很小或等于零，因而投射到这里的粒子很少或者没有。

知道了描写微观体系的波函数后，由波函数振幅绝对值的平方，就可以得出粒子在空间任意一点出现的概率（相当于知道了其位置）。以后我们还将看到，由波函数还可以得出体系的其他各种性质，因此我们说量子力学中概率波描写的是微观粒子的量子状态。

这种描写状态的方式和经典力学中描写质点状态的方式完全不一样。在经典力学中，通常是用质点的坐标和动量（或速度）的值来描写质点的状态。质点的其他力学量，如能量等是坐标和动量的函数。当坐标和动量确定后，其他力学量也就随之确定。但是，在量子力学中，不可能同时用粒子坐标和动量的确定值来描写粒子的量子状态，因为粒子具有波粒二象性，粒子的坐标和动量不可能同时具有确定值。

通过电子衍射实验我们还可以了解到，入射电子在衍射屏上的位置是无法确定的，但是只要数量足够多，达到一定程度的时候，就会出现一个概率性的分布。如果我们要了解量子力学，就需要记住，量子物理是不讲规律，只谈概率的。

1.2.3　归一化波函数

明确了微观粒子状态应采用概率波描述的理念后，本节进一步讨论该概率波归一化的问题。要理解该问题，首先作如下讨论。

由于粒子必定要在空间中的某一点出现，所以粒子在空间各点出现的概率总和等于 1，因而粒子在空间各点出现的概率只决定于波函数在空间各点的相对强度，而不决定于强度的绝对大小。

　　如果把波函数在空间各点的振幅同时加大一倍，并不影响粒子在空间各点的概率，换句话说，将波函数乘上一个常数后，所描写的粒子的状态并不改变。

　　量子力学中波函数的这种性质是其他波动过程（如声波、光波等）所没有的。对于声波、光波等，体系的状态随振幅的大小而改变，如果把各处振幅同时加大两倍，那么声或光的强度到处都加大四倍，这就完全是另一个状态了。

　　总结起来，可以认为，对于同一个状态，可以用无限多个波函数来描述。虽然本质上每个波函数都是正确的，但是这对于理论的分析与处理是不利的。此时，需要确定一个标准，这个标准就是归一化波函数。

　　下面以数学的方式来说明何为归一化波函数。设波函数 $\Phi(x, y, z, t)$ 描写粒子的状态，在空间一点 (x, y, z) 和时刻 t，波的强度是 $|\Phi|^2 = \Phi^* \Phi$，Φ^* 表示 Φ 的共轭复数。若以 $\mathrm{d}W(x, y, z)$ 表示时刻 t，在坐标 x 到 $x + \mathrm{d}x$、y 到 $y + \mathrm{d}y$、z 到 $z + \mathrm{d}z$ 的无限小区域内找到粒子的概率，则 $\mathrm{d}W$ 除了和这个区域的体积 $\mathrm{d}\tau = \mathrm{d}x + \mathrm{d}y + \mathrm{d}z$ 成比例外，也和这个区域内每一点找到粒子的概率成比例。按照波函数的统计解释，在这个区域内一点找到粒子的概率与 $|\Phi(x, y, z, t)|^2$ 成比例，所以

$$\mathrm{d}W(x, y, z, t) = C|\Phi(x, y, z, t)|^2 \mathrm{d}\tau \tag{1-16}$$

将式（1-16）对整个空间积分，得到粒子在整个空间中出现的概率。由于粒子存在于空间中，故这个概率等于 1，所以有

$$C\int_\infty |\Phi(x, y, z, t)|^2 \mathrm{d}\tau = 1 \tag{1-17}$$

　　由于波函数乘上一个常数后，并不改变其在空间各点找到粒子的概率，即不改变波函数所描写的状态。把 C 开方后乘以 $\Phi(x, y, z, t)$，并以 $\Psi(x, y, z, t)$ 表示所得出的函数，则波函数 $\Psi(x, y, z, t)$ 和 $\Phi(x, y, z, t)$ 描写的是同一个状态，即

$$\Psi(x, y, z, t) = \sqrt{C}\Phi(x, y, z, t) \tag{1-18}$$

观察式（1-17），有

$$\int_\infty |\Psi(x, y, z, t)|^2 \mathrm{d}\tau = 1 \tag{1-19}$$

满足式（1-19）的波函数称为归一化波函数，式（1-19）称为归一化条件。把 $\Phi(x, y, z, t)$ 换成 $\Psi(x, y, z, t)$ 的步骤称为归一化，$\sqrt{C}$ 称为归一化常数。

1.3　薛定谔方程

　　在 1.2 节中，我们讨论了微观粒子状态是如何描述的问题，但未涉及当时间改变时粒子的状态将怎样随之变化的问题。本节我们来讨论粒子状态随时间变化所遵从的规律。在经典力学中，该类方程为我们所熟知的牛顿运动方程；而在量子力学中，微观粒子的状态则用波函数来描写，决定粒子状态变化的方程不再是牛顿运动方程，而是下面我们要建立的薛定谔方程。

知识扩展

埃尔温·薛定谔(Erwin Schrödinger，1887 年 8 月 12 日—1961 年 1 月 4 日)，奥地利物理学家，量子力学奠基人之一，发展了分子生物学。因其发展了原子理论，和狄拉克(Paul Dirac)共获1933 年诺贝尔物理学奖。又于 1937 年荣获马克斯·普朗克奖章。物理学方面，在德布罗意物质波理论的基础上，建立了波动力学。由他所建立的薛定谔方程是量子力学中描述微观粒子运动状态的基本定律。

薛定谔

1.3.1　自由粒子的波动方程

自由粒子是微观粒子中"最简单"的一种情形。我们本着由简至繁的思路，首先建立自由粒子的薛定谔方程。

由于我们要建立的是描写波函数随时间变化的方程，因此它必须是波函数应满足的含有对时间微商的微分方程。此外，这个方程的系数不应包含状态的参量，如动量、能量等，因为方程的系数如含有状态的参量，则方程只能被粒子的部分状态所满足，而不能被各种可能的状态所满足。

自由粒子的波函数是平面波，即为

$$\Psi(r,\ t)=A\mathrm{e}^{\frac{\mathrm{i}}{\hbar}(p\cdot r-Et)} \tag{1-20}$$

它是所要建立的方程的解。将式(1-20)对时间求偏微商，得到

$$\frac{\partial\Psi}{\partial t}=-\frac{\mathrm{i}}{\hbar}E\Psi \tag{1-21}$$

但这还不是我们所要求的方程，因为它的系数中还含有能量 E。再把式(1-20)对坐标求二次偏微商，得到

$$\frac{\partial^{2}\Psi}{\partial x^{2}}=-\frac{Ap_{x}^{2}}{\hbar^{2}}\mathrm{e}^{\frac{\mathrm{i}}{\hbar}(p_{x}x+p_{y}y+p_{z}z-Et)}=-\frac{p_{x}^{2}}{\hbar^{3}}\Psi \tag{1-22}$$

同理，有

$$\frac{\partial^{2}\Psi}{\partial y^{2}}=-\frac{p_{y}^{2}}{\hbar^{2}}\Psi,\ \frac{\partial^{2}\Psi}{\partial z^{2}}=-\frac{p_{z}^{2}}{\hbar^{2}}\Psi \tag{1-23}$$

将式(1-22)和式(1-23)中的三个式子相加，得

$$\frac{\partial^{2}\Psi}{\partial x^{2}}+\frac{\partial^{2}\Psi}{\partial y^{2}}+\frac{\partial^{2}\Psi}{\partial z^{2}}=\nabla^{2}\Psi=-\frac{p_{y}^{2}}{\hbar^{2}}\Psi \tag{1-24}$$

利用自由粒子的能量和动量的关系式：

$$E=\frac{p^{2}}{2\mu} \tag{1-25}$$

式中，μ 是粒子的质量。比较式(1-24)式(1-21)两式，我们得到自由粒子波函数所满足

的微分方程：

$$i\hbar\frac{\partial\Psi}{\partial t}=-\frac{\hbar^2}{2\mu}\nabla^2\Psi \tag{1-26}$$

式(1-26)满足前面所述的条件，即为自由粒子的薛定谔方程。这里仍需补充说明的是，上面我们只是建立了自由粒子的薛定谔方程，而不是从数学上严格地将它推导出来。然而，它的正确性是毋庸置疑的，因为由它出发导出的理论结果与实验结果是相符的。

量子理论认为，在进行测量之前，粒子可能处在各种各样的状态之中。所有这些状态都由薛定谔波函数来描述，它表述为粒子出现在某个地方概率的大小。因此，在作出观测或者测量之前，你不能够确切知道粒子的状态。它在测量之前存在于冥态，是所有可能状态的总和。

1.3.2　势场中粒子波函数所满足的方程

现在基于1.3.1节的知识，讨论势场中粒子波函数所满足的薛定谔方程。首先，直接给出势场中微观粒子的薛定谔方程，即为

$$i\hbar\frac{\partial\Psi}{\partial t}=-\frac{\hbar^2}{2\mu}\nabla^2\Psi+U(r)\Psi \tag{1-27}$$

下面讲解势场中微观粒子薛定谔方程的建立。式(1-24)和式(1-21)两式可改写为如下形式，

$$E\Psi=i\hbar\frac{\partial\Psi}{\partial t} \tag{1-28}$$

$$p\cdot p\Psi=(-i\hbar\nabla)\cdot(-i\hbar\nabla)\Psi \tag{1-29}$$

由式(1-28)和式(1-29)可见，粒子能量 E 和动量 p 各与下列作用在波函数上的数学符号相当，

$$E\rightarrow i\hbar\frac{\partial}{\partial t}, \quad p\rightarrow i\hbar\nabla \tag{1-30}$$

这两个算符依次称为能量算符和动量算符。把式(1-25)两边乘以 Ψ，再以式(1-30)代入，即得微分方程(1-26)。同理，将势场中粒子能量与动量的关系式(1-31)

$$E=\frac{p^2}{2\mu}+U(r) \tag{1-31}$$

两边乘以 Ψ，再以式(1-30)代入，即得微分方程(1-27)。

1.3.3　定态薛定谔方程

现在我们来讨论薛定谔方程(1-27)的解。一般情况下，$U(r)$ 可以是时间的函数，本节只讨论 $U(r)$ 与时间无关的情况。

如果 $U(r)$ 不含时间，薛定谔方程(1-27)的解可以用分离变量法进行简化。考虑这方程的一种特解：

$$\Psi(r,\ t)=\psi(r)f(t) \tag{1-32}$$

方程(1-27)两边用 $\psi(r)f(t)$ 去除，得到

$$i\hbar \frac{1}{f}\frac{\mathrm{d}f}{\mathrm{d}t}=\frac{1}{\psi}\left[-\frac{\hbar^2}{2\mu}\nabla^2\psi+U(r)\psi\right] \tag{1-33}$$

观察式(1-33)，等式的左边只是 t 的函数，右边只是 r 的函数，而 t 和 r 是相互独立的变量，只有当两边都等于同一常量时，等式才能被满足。以 E 表示这个常量，则有

$$\begin{cases} i\hbar\dfrac{\mathrm{d}f}{\mathrm{d}t}=Ef \\[2mm] -\dfrac{\hbar^2}{2\mu}\nabla^2\psi+U(r)\psi=E\psi \end{cases} \tag{1-34}$$

方程(1-34)中第一个方程的解可以直接得出：

$$f(t)=Ce^{-\frac{iE}{\hbar}t} \tag{1-35}$$

C 为任意常数。将这个结果代入式(1-32)中，并把常数 C 放到 $\psi(r)$ 里面去，这样就得到薛定谔方程(1-27)的特解

$$\Psi(r,\,t)=\psi(r)e^{-\frac{iE}{\hbar}t} \tag{1-36}$$

这个波函数与时间的关系为正弦式，它的角频率是 $\omega=E/\hbar$。按照德布罗意关系，E 就是体系处于这个波函数所描写的状态时的能量。由此可见，体系处于式(1-36)所描写的状态时，能量具有确定值，所以这种状态称为定态，式(1-36)称为定态波函数。

注：在量子力学里，定态(Stationary State)是一种量子态，定态的概率密度与时间无关。定态是微观粒子所处状态中的一种类型的状态。处于定态的微观粒子在空间各处出现的概率不随时间变化，而且具有确定的能量。

函数 $\psi(r)$ 由方程(1-34)第二式和在具体问题中波函数应满足的条件得出。方程(1-34)的第二式称为定态薛定谔方程。函数 $\psi(r)$ 也称为波函数，因为知道 $\psi(r)$ 后，由式(1-36)就可以求出 $\Psi(r,t)$。

由上面的讨论可知，当体系处于定态时，粒子的能量有确定的数值。讨论定态问题就是要求出体系可能有的定态波函数 $\Psi(r,t)$ 和在这些态中的能量 E。由于定态波函数 $\Psi(r,t)$ 和函数 $\psi(r)$ 以公式(1-36)联系起来，问题就归结为定态薛定谔方程(1-34)的第二式、求出能量的可能值 E 和波函数 $\psi(r)$。在第二章将讨论几个具体的定态问题，以使同学们进一步理解薛定谔方程。

本 章 小 结

本章以旧量子论中经典的光电效应和原子结构的玻尔理论为引例，揭示了微观粒子具有波粒二象性的本质；以电子的衍射实验为基础，引进了具有概率性质的波函数来描述微观粒子的状态；基于自由粒子状态随时间变化的讨论，建立了描述微观粒子状态随时间变化的薛定谔方程。

习　题

1. 除了本书引例中"光电效应"和"氢原子问题"，请参阅文献再列举说明几个十九世纪末经典物理学不能给出满意解释的物理现象。

2. 指出下列实验中，哪些实验表明了微观粒子的粒子性？哪些实验表明物质粒子的波动性？简述理由。

(1) 光电效应；

(2) Davisson-Germer 实验；

(3) Compton 散射。

3. 以本人为例，求解百米跑时的德布罗意波长。

4. 请说明微观粒子状态为什么不能再用 $\boldsymbol{r}$ 与 $\boldsymbol{p}$ 方案描述？而为何概率波可用来描述其状态？

5. 请说明为什么波函数要归一化以及如何归一化？

6. 设一粒子的状态用归一化波函数 $\Psi(x, y, z)$ 描述，求在 $(x, x+dx)$ 的薄立方体内找到粒子的概率。

7. 球面坐标系中粒子的状态用归一化波函数 $\Psi(r, \theta, \varphi)$ 描述，试求

(1) 在 $(r, r+dr)$ 的球壳内找到粒子的概率；

(2) 在 (θ, φ) 方向的立体角 $d\Omega$ 中找到粒子的概率。

8. 做一维运动的粒子被束缚在 $0<x<a$ 的范围内，已知其波函数为

$$\Psi(x) = A\sin\frac{\pi x}{a}$$

求：(1) 归一化常数 A；

(2) 粒子在 0 到 $a/2$ 区域内出现的概率；

(3) 粒子在何处出现的概率最大？

9. 一个势能 $U(x) = \frac{1}{2}\mu\omega^2 x^2$ 的线性谐振子处在 $\Psi = A\exp\left(-\frac{1}{2}\alpha^2 x^2 - i\omega t\right)$ 的状态，其中 $a = \sqrt{\dfrac{\mu\omega}{\hbar}}$。试求：

(1) 归一化常数 A；

(2) 在何处发现粒子的概率最大。

10. 求证：如果 $\psi_1(x, t)$ 和 $\psi_2(x, t)$ 是同一个薛定谔方程的两个解，则

$$\psi(x, t) = c_1\psi_1(x, t) + c_2\psi_2(x, t)$$

也是该薛定谔方程的解。

11. 下列波函数所描写的状态是不是定态？

(1) $\psi_1(x, t) = u(x)\exp\left(ix - i\frac{E}{\hbar}t\right) + v(x)\exp(-ix)\exp\left(-i\frac{E}{\hbar}t\right)$

(2) $\psi_2(x,t)=u(x)\exp\left(-\mathrm{i}\dfrac{E_1}{\hbar}t\right)+u(x)\exp\left(-\mathrm{i}\dfrac{E_1}{\hbar}t\right)\exp\left(-\mathrm{i}\dfrac{E_2}{\hbar}t\right)$

12. 设一个一维自由粒子的初态 $\psi(x,0)=\mathrm{e}^{\frac{\mathrm{i}}{\hbar}p_0x}$，求 $\psi(x,t)$。

13. 讨论如下问题：

(1) 有人认为，人相对于宇宙，只是十分渺小的微粒。按照量子力学的观点，人也存在多种可能状态，那么当前时刻你所看到的你，是否只是一个虚幻的你？

(2) 假设存在比人类"大得多"的"观测者"，若从他们的角度出发，是否人类的波动性特点会很明显？

(3) 宇宙的变化速度超出你的想象，在你睁开眼睛的时候他又会给你突然创造一个全新的物质世界，是否每眨一次眼睛为你创造的世界都是全新的？

第二章 薛定谔方程的简单应用

量子力学中，求解粒子问题常归结为解薛定谔方程或定态薛定谔方程的问题。因此，薛定谔方程广泛地应用于原子物理、核物理和固体物理，它对于原子、分子、核、固体等一系列问题的求解结果都与实际相符。

在给定初始条件和边界条件以及波函数所满足的单值（波函数应是坐标和时间的单值函数，这样才能使粒子的概率在时刻 t、r 点有唯一的确定值）、有限、连续（薛定谔方程中有波函数二阶导的表达式，故波函数应是有限和连续的）的条件下，计算定态薛定谔方程可解出波函数 $\psi(r)$（简写为 ψ），由此可获得粒子的分布概率和任何可能实验的能量数值。

本章把定态薛定谔方程应用到几个比较简单的力学体系中去，求出方程的解和阐明这些解，尤其是这些情况下体系能量的物理意义。

2.1 一维无限深势阱

2.1.1 方程求解

考虑在一维空间中运动的粒子，它的势能在一定区域内（$x=-a$ 到 $x=a$）为零，而在此区域外势能为无限大，如图 2-1 所示。

$$\begin{cases} U(x)=0, & |x|<a \\ U(x)=\infty, & |x|\geqslant a \end{cases} \tag{2-1}$$

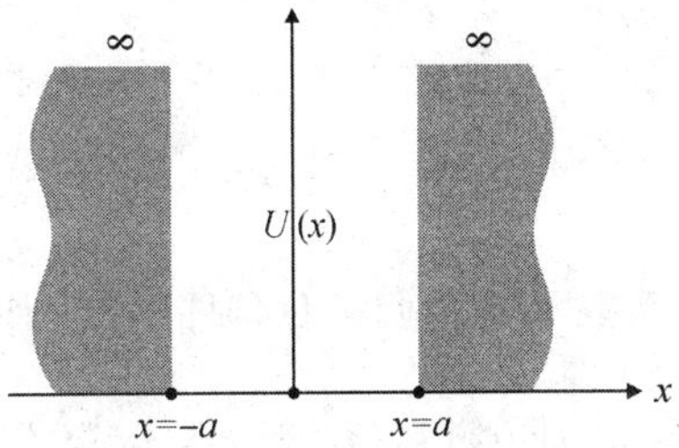

这种势称为一维无限深势阱。在阱内（$|x|<a$），体系所满足的定态薛定谔方程是

$$-\frac{\hbar^2}{2\mu}\frac{\mathrm{d}^2\psi}{\mathrm{d}x^2}=E\psi \tag{2-2}$$

在阱外（$|x|\geqslant a$），定态薛定谔方程是

$$-\frac{\hbar^2}{2\mu}\frac{\mathrm{d}^2\psi}{\mathrm{d}x^2}+U(x)\psi=E\psi \tag{2-3}$$

图 2-1 一维无限深势阱

式（2-3）中，$U(x)\to\infty$。根据波函数应满足的连续性和有限性条件，只有当 $\psi=0$ 时，式（2-3）才能成立，所以有

$$\psi=0, \quad |x|\geqslant a \tag{2-4}$$

这是解式（2-2）时需要用到的边界条件。

为简单起见，引入符号

$$\alpha = \left(\frac{2\mu E}{\hbar^2}\right)^{\frac{1}{2}} \tag{2-5}$$

则式(2-2)简写为

$$\frac{\mathrm{d}^2\psi}{\mathrm{d}x^2} + \alpha^2\psi = 0 \tag{2-6}$$

它的解是

$$\psi = A\sin\alpha x + B\cos\alpha x \tag{2-7}$$

根据 ψ 的连续性，由式(2-4)及式(2-6)，有

$$A\sin\alpha a + B\cos\alpha a = 0$$
$$-A\sin\alpha a + B\cos\alpha a = 0 \tag{2-8}$$

由此得到

$$A\sin\alpha a = 0$$
$$B\cos\alpha a = 0 \tag{2-9}$$

A 和 B 不能同时为零，否则 ψ 处处为零。因此，我们得到两组解

$$\begin{cases} A=0, & \cos\alpha a=0 \\ B=0, & \sin\alpha a=0 \end{cases} \tag{2-10}$$

由此可求得

$$\alpha a \frac{n}{2}\pi, \quad n=1, 2, 3, \cdots \tag{2-11}$$

由式(2-5)和式(2-11)，得到体系的能量为

$$E_n = \frac{\pi^2\hbar^2 n^2}{8\mu a^2}, \quad n=整数 \tag{2-12}$$

对应于量子数 n 的全部可能值，有无限多个能量值，它们组成体系的分立能级。

将式(2-10)代入式(2-7)中，并考虑式(2-12)及式(2-4)，得到波函数的解为

$$\psi_n = \begin{cases} A'\sin\dfrac{n\pi}{2a}(x+a), & |x|<a \\ 0, & |x|\geqslant a \end{cases} \tag{2-13}$$

系数 A 可由归一化条件求出，$A' = \dfrac{1}{\sqrt{a}}$。

注：将式(2-10)代入式(2-7)中，并考虑式(2-12)及式(2-4)，首先得到的一组解为

$$\psi_n = \begin{cases} A\sin\dfrac{n\pi}{2a}x, & |x|<a \\ 0, & |x|\geqslant a \end{cases}, \ n\text{为偶数}$$

$$\psi_n = \begin{cases} B\cos\dfrac{n\pi}{2a}x = B\sin\left(\dfrac{n\pi}{2a}x+\dfrac{n}{2}\pi\right), & |x|<a \\ 0, & |x|\geqslant a \end{cases}, \ n\text{为奇数}$$

故而可以合并为式(2-13)。A 与 B 可统一写为 A' 的原因是，将波函数乘上一个常数后，所描写的粒子的状态并不改变，详见 1.2.3 节。

2.1.2　结果与讨论

1. 束缚态与基态

由上小节讨论可知，在阱外，波函数 $\psi = 0$，粒子被束缚在阱内，故通常把无限远处为零的波函数所描写的状态称为束缚态。一般地说，束缚态所属的能级是分立的。体系能量最低的态称为基态。一维无限深势阱中粒子的基态是 $n=1$ 的本征态，基态能量和波函数分别由式(2-13)及式(2-12)令 $n=1$ 得出。一维无限深势阱中粒子基态能量不为零，这与经典理论认为的粒子最低能量必须为零有显著区别。下面以两个相关物理问题为例，帮助大家理解束缚态与基态的概念。氢原子能级图如图 2-2 所示。

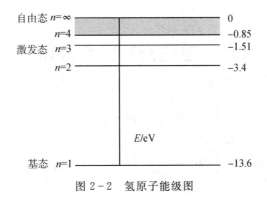

图 2-2　氢原子能级图

基态的概念是基于能层原理、能级概念、能量最低原理而来的。能量最低的能级叫做基态，其他能级叫做激发态。当电子"远离"原子核，不再受原子核的吸引力的状态叫做电离态(自由态)，电离态(自由状态)的能级为0。束缚态与基态位置概率理解示意图如图2-3所示。

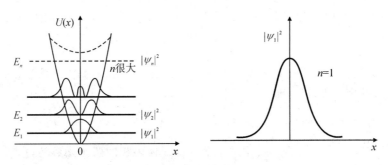

图 2-3　束缚态与基态位置概率理解示意图

2. 势阱内粒子能量量子化

由图 2-4 可见，势阱内粒子能量 E_n 量子化，且能级分布是不均匀的。n 愈大，能级间隔愈大。而值得注意的是，虽然 n 愈大，能级间隔愈大，但 n 很大时，能级可视为连续的(这是因为 $\Delta E_n / E_n$ 趋近于 0)。

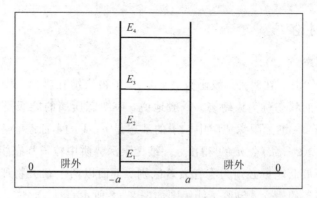

图 2-4　一维无限深势阱内能量的量子化

2.2　数理方程的特殊函数

鉴于本章的 2.3 节和 2.4 节要用到一些特殊函数，故在讨论这两节之前，有必要对其予以介绍。因此，本节着重考察一个特殊函数（勒让德多项式），并粗略地列出包括厄米函数和拉基尔函数在内的其他函数。在很多量子力学问题中勒让德多项式都很重要，它是角动量波函数的基础，例如本章第四节中氢原子问题中的电子运动。

读者要想清楚理解厄米函数、勒让德函数以及拉基尔函数等特殊函数，还需要先了解一些数学基础知识。为此，本节的前面几个部分将对此予以补充。同时要注意的是，这些内容也是本书第三章相关理论理解所需的数学基础知识。

2.2.1　正交性和归一性

定义　在展开区间 $[a, b]$ 内，两个连续函数 f 和 g（一般讲是复变函数）的内积是

$$\langle f \mid g \rangle = \int_a^b f(x)^* g(x) \mathrm{d}x \qquad (2-14)$$

两个函数的内积是定义在其展开区间上的。同时，需要注意内积书写的顺序也十分重要（实函数书写顺序不重要），即

$$\langle g \mid f \rangle = \int g(x)^* f(x) \mathrm{d}x = \left(\int f(x)^* g(x) \mathrm{d}x \right)^* = \langle f \mid g \rangle^* \qquad (2-15)$$

方程（2-15）说明了内积的一个重要特性，即对换内积的两个函数的位置得出该内积的复共轭。常数可从内积里随意移出，即若 b 和 c 是复/实数，则 $\langle bf \mid cg \rangle = b^* c \langle f \mid g \rangle$。

内积是一很有意义的概念，它的几何类比是大家熟悉的向量的点积或标量积，我们将在第三章进一步讨论该问题。

与向量的垂直性这一几何性质类比，函数也具有正交性。

定义　若两函数 $f(x)$ 和 $g(x)$ 在区间 $[a, b]$ 的内积为零，

$$\langle f \mid g \rangle = \int_a^b f^* g \mathrm{d}x = 0 = \int_a^b g^* f \mathrm{d}x = \langle g \mid f \rangle \qquad (2-16)$$

我们就说它们是正交的。

若内积为零，则内积中哪个函数在前面都行。因此，f 和 g 的正交性既可用 $\langle f \mid g \rangle = 0$ 表示，也可用 $\langle g \mid f \rangle = 0$ 表示。两向量的垂直性可与正交性的这个定义联系起来，若其点积为零，则两向量垂直。

定义 函数在区间 $[a,b]$ 的范数是函数和其自身的内积，可用符号 N 表示：

$$N(f) = \langle f \mid f \rangle = \int_a^b f^* f \, \mathrm{d}x \tag{2-17}$$

函数的范数是实的、正的，它与向量长度的平方类似。其可证明如下：

$$f^* f = (\mathrm{Re}f - \mathrm{i}\mathrm{Im}f)(\mathrm{Re}f + \mathrm{i}\mathrm{Im}f) = (\mathrm{Re}f)^2 + (\mathrm{Im}f)^2 \tag{2-18}$$

定义 若一函数的范数是 1，即 $\langle f \mid f \rangle = 1$，则称该函数是归一化的。

因为函数在特定区间的范数永远是一正实数，所以我们总能将一给定函数乘以一数使之归一化。假定 f 的范数是 N，那么函数 $f/N^{\frac{1}{2}}$ 的范数为 1，因为

$$\left\langle \frac{f}{N^{\frac{1}{2}}} \mid \frac{f}{N^{\frac{1}{2}}} \right\rangle = \frac{1}{N} \langle f \mid f \rangle = \frac{N}{N} = 1 \tag{2-19}$$

将函数除以它范数的平方根的过程称为函数归一化。

下面介绍函数的一个非常有用的性质——函数的对称特性，用其可简化内积的积分常数。若区间对称，则偶或奇函数的积分特别简单，可归结为下列定理。

定理 偶函数在对称区间的积分是在半区间上积分的二倍；奇函数在对称区间的积分为零。

将此定理拓展应用于对称区间的内积，可得到另一结果。

定理 在对称区间 $[-a, a]$ 上，奇函数与奇函数或偶函数与偶函数的内积不为零，并可由在半区间 $[-a, 0]$ 或 $[0, a]$ 的内积的二倍算出；不论函数是什么形式，偶函数与奇函数的内积为零。

在上述定义里，我们只考虑了两个任意函数。但这些定义的作用和有效性对于函数组无疑也是很明显的。函数组是函数的集合，它们的变量相同，定义区间相同，写出函数的规则相同。例如，x 的全部幂函数构成一组函数。这个函数组用大括号可写成 $\{x^n\}$，它表示这些 x 的函数的全部，即 $x^0 = 1, x^1 = x, x^2, x^3, x^4$ 等。一般项的指数 n 表明写出函数组中每个成员的规则。为了完备起见，必须标明区间和 n（常称为指标）可取的值，如："函数组 $\{x^n\}$ 在 $[-1, 1]$ 区间内，$n = 0$，并且其值全部为正整数"。

为了完善地描述量子力学中有用的函数组，我们引入了三个新定义。

定义 完备函数组 $\{F_i\}$ 中，任何别的函数 f 都可在规定的展开区间上用函数组 $\{F_i\}$ 的成员线性组合表示，并可达到所要求的任何精确度。

若函数组 $\{F_i\}$ 是完备的，则 f 可展开成函数 F，具体如下：

$$f(x) = a_1 F_1(x) + a_2 F_2(x) + \cdots + a_n F_n(x) + \cdots = \sum_{n=1}^{\infty} a_n F_n(x) \tag{2-20}$$

一般地讲，要证明一函数组是否完备是十分困难的。但根据我们的目的与要求，可只

考虑已知它们是完备的那些函数组，而不考虑完备性的证明本身。

定义　一函数正交组或正交函数组在规定的区间内，其中每一个函数与其他函数都是正交的。

若函数组$\{F_i\}$中每一成员与其他成员正交

$$\langle F_j \mid F_k \rangle = 0 \qquad\qquad (2-21)$$

对全部 j 和 k，$j \neq k$，则$\{F_i\}$是正交组。例如，2.2.3 小节将要讨论的函数组$\{\sin nx, \cos nx\}$，$n=0$ 或正整数在区间$[-\pi, \pi]$内就是正交组。证明这些函数的正交性是本节要讨论的问题之一，请注意它是三个分开的证明：

$$\begin{cases} \langle \sin nx \mid \sin mx \rangle = 0, n \neq m \\ \langle \cos nx \mid \cos mx \rangle = 0, n \neq m \\ \langle \sin nx \mid \cos nx \rangle = 0, \text{对全部 } n \end{cases} \qquad (2-22)$$

将正交性和归一性合并在一起，可定义如下：

定义　正交归一函数组是函数的正交组，其中每一函数又是归一化的。

若

$$\begin{cases} \langle F_j \mid F_k \rangle = 0, \text{对全部 } j \neq k \\ \langle F_j \mid F_k \rangle = 1, \text{对全部 } j = k \end{cases} \qquad (2-23)$$

则$\{F_i\}$是正交归一的。在讨论正交归一函数时，式(2-23)这一对方程要经常出现，因此需要引入一特殊符号将方程(2-23)合并在一起。克朗尼克符号$\{\delta_{ij}\}$的含义是当 $i \neq j$，$\delta_{ij} = 0$；当 $i = j$，$\delta_{ij} = 1$。若用克朗尼克符号，则正交归一的条件(方程 2-23)可简单地表示为，

$$\langle F_j \mid F_k \rangle = \delta_{jk}, \text{对全部 } j \text{ 和 } k \qquad (2-24)$$

在本小节中，我们定义了一些重要术语：内积、正交性、范数、归一性、完备性、正交归一函数组；我们也应用函数的奇偶性，介绍了函数在对称区间积分的简化。

 知识扩展

狄拉克

　　　　保罗·狄拉克(1902—1984)，英国理论物理学家，量子力学的奠基者之一，并对量子电动力学早期的发展作出了重要贡献。"⟨ | ⟩"叫作狄拉克符号，于 1939 年被狄拉克提出，他将"括号(bracket)"这个单词一分为二，分别代表这个符号的左右两部分，左边是"bra"，即为左矢；右边是"ket"，即为右矢。

2.2.2　用正交归一函数组展开

在本小节中，我们将要学习如何在规定区间将给定函数用一组正交归一函数展开。因这种演算过程在接着讨论的正交归一函数和以后讨论的正交归一向量中时常出现，所以书

中有必要先写出这些计算公式，具体如下：

完备性展开——
$$f(x) = \sum_i a_i \phi_i(x) \tag{2-25}$$

左乘 $\phi_j(x)^*$ ——
$$\phi_j(x)^* f(x) = \sum_i a_i \phi_j(x)^* \phi_i(x) \tag{2-26}$$

两边积分——
$$\int \phi_j(x)^* f(x) \mathrm{d}x = \sum_i a_i \int \phi_j(x)^* \phi_i(x) \mathrm{d}x \tag{2-27}$$

狄拉克符号——
$$\langle \phi_j \mid f \rangle = \sum_i a_i \int \phi_j(x)^* \phi_i(x) \mathrm{d}x \tag{2-28}$$

克朗尼克符号化简——
$$\langle \phi_j \mid f \rangle = \sum_i a_i \delta_{ji} \tag{2-29}$$

最后化简——
$$\langle \phi_j \mid f \rangle = a_j \tag{2-30}$$

方程(2-25)表示 $f(x)$ 可在特定展开区间（这里未标明）展成正交归一函数组 $\{\phi_i\}$ 的成员的线性组合。方程(2-26)是将方程(2-25)的两端都乘以函数组 $\{\phi_i\}$ 中任意函数的复共轭 $\phi_j(x)^*$ 的结果。方程(2-27)是将方程(2-26)的两端在展开区间内积分的结果。方程(2-26)和方程(2-27)就是 $\phi_j(x)^*$（在左）与方程(2-25)（在右）形成的内积。在方程(2-29)中，根据正交归一的定义以克朗尼克符号 δ_{ji} 代替 $\langle \phi_j | \phi_i \rangle$。最后，对方程(2-29)的右端求和。若将求和写出，则其形式如下：

$$\sum_i a_i \delta_{ji} = a_1 \delta_{j1} + a_2 \delta_{j2} + \cdots + a_j \delta_{ji} + \cdots + a_n \delta_{jn} + \cdots \tag{2-31}$$

除一个克朗尼克符号外，其余的皆为零。仅有的一个不为零的克朗尼克符号是 $\delta_{ji} = 1$。于是求和给出

$$\sum_i a_i \delta_{ji} = a_i \delta_{ii} = a_j \cdot 1 = a_j \tag{2-32}$$

使用克朗尼克符号，是函数在展成正交归一函数时化简系数 a_i 的关键。方程(2-29)中的求和遵循一简单的规则：在对包含克朗尼克符号和别的量的乘积求和时，只挑选出包含相同下标的克朗尼克符号就行，或只剩下包含相同下标的克朗尼克符号项。

方程(2-30)是在给定区间将一函数展成正交归一函数组的展开系数的计算公式，$a_i = \langle \phi_i | f \rangle$，展开系数可以是复数。若需要 a_1，就要求算 $\langle \phi_1 | f \rangle$；若需要 a_2，就要求算 $\langle \phi_2 | f \rangle$；若需要 a_{309}，就要求算 $\langle \phi_{309} | f \rangle$，以此类推。

本小节末，我们用一个称为内积展开定理的重要关系结束本小节。

定理　内积 $\langle f | g \rangle$ 可用正交归一函数组 $\{\phi_i\}$ 展开为

$$\langle f \mid g \rangle = \sum_i \langle f \mid \phi_i \rangle \langle \phi_i \mid g \rangle \tag{2-33}$$

为了证明此定理，可将 f 展开成 $f = \sum_i a_i \phi_i$，g 展开成 $g = \sum_j b_j \phi_j$。于是，有

$$\langle f \mid g \rangle = \int f^* g \mathrm{d}x = \sum_i \sum_j \int a_i^* \phi_i^* b_j \phi_j \mathrm{d}x$$

$$= \sum_{ij} a_i^* b_j \langle \phi_i \mid \phi_j \rangle = \sum_{ij} a_i^* b_j \delta_{ij}$$

而

$$a_i^* = \langle \phi_i \mid f \rangle^* = \langle f \mid \phi_i \rangle, \quad b_i = \langle \phi_i \mid g \rangle \tag{2-34}$$

因此，

$$\langle f \mid g \rangle = \sum_i \langle f \mid \phi_i \rangle \langle \phi_i \mid g \rangle \tag{2-35}$$

展开定理中出现的结构"$|\phi_i\rangle\langle\phi_i|$"在本书后边将赋予更多的含义。现在，我们在展开定理中只看到的是在"$\langle f|$"和"$|g\rangle$"之间插入"$|\phi_i\rangle\langle\phi_i|$"并对 i 求和。这种运算称为"插入态的完备组"，展开定理可写成 $\sum_i |\phi_i\rangle\langle\phi_i| = 1$。它实际上是一个算符。以后会明显地看到它起着算符的作用。

总结起来，在本小节中，我们导出了函数展成正交归一函数组时展开式中的系数公式，还导出了一个称为内积展开定理的重要关系。

2.2.3　傅利叶级数

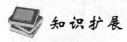

傅利叶

　　　　让·巴普蒂斯·约瑟夫·傅利叶（1768—1830），男爵，法国数学家、物理学家。他发现，任何周期函数都可以用正弦函数和余弦函数构成的无穷级数来表示（选择正弦函数与余弦函数作为基函数是因为它们是正交的），后世称傅利叶级数为一种特殊的三角级数。根据欧拉公式，三角函数又能化成指数形式，也称傅利叶级数为一种指数级数。

本小节将在上一小节的基础上，给出一个非常有用的正交归一函数组展开的例子——傅利叶级数展开（展成正弦和余弦函数），并对它的用途和适用范围做简要评论。

傅利叶级数将函数展成$\langle \sin mx, \cos mx \rangle$的正交归一函数组。在前一小节中讲过这些函数是正交的，现在导出它在$[-\pi, \pi]$区间的范数，即

$$N(\sin mx) = \langle \sin mx \mid \sin mx \rangle = \int_{-\pi}^{\pi} \sin^2 mx \, \mathrm{d}x$$
$$= \frac{1}{m} \int_{-mx}^{mx} \sin^2 y \, \mathrm{d}y = \pi \tag{2-36}$$

$$N(\cos mx) = \langle \cos mx \mid \cos mx \rangle = \frac{1}{m} \int_{-m\pi}^{m\pi} \cos^2 y \, \mathrm{d}y = \pi \tag{2-37}$$

方程（2-36）和方程（2-37）除 $m=0$ 外，对全部 m 值都成立；而当 $m=0$ 时，得出不定的 $N=0/0$。为了澄清 $m=0$ 的情况，必须分开求算，即

$$N(\sin 0x) = \langle \sin 0x \mid \sin 0x \rangle = \int_{-\pi}^{\pi} 0 \mathrm{d}x = 0 \tag{2-38}$$

和

$$N(\cos 0x) = \langle \cos 0x \mid \cos 0x \rangle = \int_{-\pi}^{\pi} 1 \mathrm{d}x = 2\pi \qquad (2-39)$$

全部结果可表示为

$$N(\sin mx) = \begin{cases} \pi, & m \neq 0 \\ 0, & m = 0 \end{cases}$$

$$N(\cos mx) = \begin{cases} \pi, & m \neq 0 \\ 2\pi, & m = 0 \end{cases} \qquad (2-40)$$

或用克朗尼克符号表示为

$$N(\sin mx) = \pi - \pi\delta_{m0}$$

$$N(\cos mx) = \pi + \pi\delta_{m0} \qquad (2-41)$$

与正交关系式合在一起，可写出 $\{\sin mx, \cos mx\}$ 的全部可能内积，即

$$\langle \sin mx \mid \cos mx \rangle = 0$$

$$\langle \sin mx \mid \sin nx \rangle = (1 - \delta_{m0})\pi\delta_{mn} \qquad (2-42)$$

$$\langle \cos mx \mid \cos nx \rangle = (1 + \delta_{m0})\pi\delta_{mn}$$

其中，m、n 为任意正整数或零。

因为要用式 $(2-30)$ 来计算正交归一函数组的展开系数，所以必须用函数组 $\{(2\pi)^{1/2}, \pi^{-1/2}\sin mx, \pi^{-1/2}\cos mx\}$，$m = 1, 2, \cdots,$ 代替函数组 $\{\sin mx, \cos mx\}$。

对于这些正交归一函数，展开系数为

$$a_0 = \langle (2\pi)^{-1/2} \mid f \rangle; \ a_m = \langle \pi^{-1/2}\cos mx \mid f \rangle; \ b_m = \langle \pi^{-1/2}\sin mx \mid f \rangle \qquad (2-43)$$

$$f(x) = a_0(2\pi)^{-1/2} + \sum_{m=1}^{\infty} a_m(\pi^{-1/2}\cos mx) + \sum_{m=1}^{\infty} b_m(\pi^{-1/2}\sin mx) \qquad (2-44)$$

这不是傅利叶级数的一般形式，只是展成正交归一函数组的一个例子。一般是以显式形式写出展开系数，即将常数移到项外可得

$$f(x) = \frac{1}{2\pi}\langle 1 \mid f \rangle + \frac{1}{\pi}\sum_{m=1}^{\infty}\left[\langle \cos mx \mid f \rangle\cos mx + \langle \sin mx \mid f \rangle\sin mx\right] \qquad (2-45)$$

最终，傅利叶级数常用的形式是

$$f(x) = \frac{c_0}{2} + \sum_{m=1}^{\infty} c_m\cos mx + \sum_{m=1}^{\infty} d_m\sin mx \qquad (2-46)$$

其中，

常数项系数：

$$c_0 = \frac{1}{\pi}\langle 1 \mid f \rangle \qquad (2-47)$$

余弦项系数：

$$c_m = \frac{1}{\pi}\langle \cos mx \mid f \rangle \qquad (2-48)$$

正弦项系数：

$$d_m = \frac{1}{\pi}\langle \sin mx \mid f \rangle \qquad (2-49)$$

x 在 $[-\pi, \pi]$ 区间内。

因为正弦函数是奇函数($\sin x = -\sin(-x)$)，余弦函数是偶函数($\cos x = \cos(-x)$)，所以我们能用偶函数和奇函数的性质，立刻得出傅利叶级数的两个简单推论。

(1)奇函数在$[-\pi，\pi]$区间的傅利叶展开仅由正弦项组成：$f(x) = \sum\limits_{m=1}^{\infty} d_m \sin mx$。

(2)偶函数在$[-\pi，\pi]$区间的傅利叶展开仅由余弦项组成：$f(x) = \dfrac{c_0}{2} + \sum\limits_{m=1}^{\infty} c_m \cos mx$。

若 f 是奇函数，则所有内积$\langle \cos mx \mid f \rangle = 0$；若 f 是偶函数，则所有内积$\langle \sin mx \mid f \rangle = 0$。

此外，函数$\{\sin mx\}$和$\{\cos mx\}$无论在半区间$[-\pi，0]$或$[0，\pi]$中都是完备的，这些函数在任意一个半区间内也都是正交的。除$\cos 0x$的范数是π外，其他函数的范数都是$\dfrac{\pi}{2}$。因此，我们还能构造两个不同的"半傅利叶级数"：

$$f(x) = \frac{c_0}{2} + \sum_{m=1}^{\infty} c_m \cos mx \tag{2-50}$$

式中，余弦项系数：

$$c_m = \frac{2}{\pi} \langle \cos mx \mid f \rangle \tag{2-51}$$

$$f(x) = \sum_{m=1}^{\infty} d_m \sin mx \tag{2-52}$$

式中，正弦项系数：

$$d_m = \frac{2}{\pi} \langle \sin mx \mid f \rangle \tag{2-53}$$

它们的展开区间都是$[-\pi，0]$或$[0，\pi]$。无论全傅利叶级数还是半傅利叶级数，都可以按比例展开，并将其推广到任何对称区间$[-a，a]$或半对称区间$[-a，0]$或$[0，a]$。例如，

$$f(x) = \frac{c_0}{2} + \sum_{m=1}^{\infty} \left(c_m \cos \frac{m\pi x}{a} + d_m \sin \frac{m\pi x}{a} \right) \tag{2-54}$$

式中，

$$c_m = \left(\frac{1}{a} \right) \left\langle \cos \left(\frac{m\pi x}{a} \right) \middle| f \right\rangle, \quad d_m = \left(\frac{1}{a} \right) \left\langle \sin \left(\frac{m\pi x}{a} \right) \middle| f \right\rangle \tag{2-55}$$

若$\{\cos mx，\sin mx\}$对全部正 m 值和零是完备的，则$\{e^{imx} = \cos mx + i \sin mx\}$对 m 的全部整数值(正、负和零)也是完备的。所以，傅利叶级数还有一个重要的经过修正的形式为

$$f(x) = \sum_{m=-\infty}^{\infty} a_m e^{imx}, \quad x \in [-\pi，\pi] \tag{2-56}$$

$\{e^{imx}\}$被称为调和函数，在量子力学中是会经常遇到的。

2.2.4　构造正交归一函数

到目前为止，我们已讨论了正交归一函数组的性质，它们在级数展开中的应用，以及傅利叶

级数这个特殊例子。我们曾经指出，无论正交归一与否，唯有函数组是完备的才能得到足够精确的展开。本小节将介绍如何由一完备函数组形成完备正交归一函数组，并讲解厄米多项式。

在构造完备正交归一函数前，必须引入与完备性有关的一个问题。此问题在目前的讨论和紧接着的工作中都起着重要的作用。

定义　若一函数组中任一函数都不能用其余函数的线性组合来表示，则称该函数组线性无关。此定义可用数学公式表示为

$$\sum_i C_i F_i = C_1 F_1 + C_2 F_2 + \cdots = 0 \tag{2-57}$$

若方程仅当所有的 $C_i = 0$ 时才可解，则函数组 $\{F_i\}$ 是线性无关的。

若该方程在至少有一个 $C_i \neq 0$ 时可解，则 $\{F_i\}$ 是线性相关的。一完备函数组总是包含一线性无关子集（亚组），它是构造完备正交归一函数组的第一步。

通常可以从一完备的线性无关的函数组构造一完备的正交归一函数组，构造正交归一函数组的方法称为施密特正交化。

假定有一定义在特定区间的、完备的、线性无关的函数组 $\{f_i\}$，我们希望用 $\{f_i\}$ 构造一正交归一函数组 $\{\phi_i\}$。

第一步，令 ϕ_0 为归一化的 f_0，即：使第一个 ϕ 函数只与第一个 f 函数成正比例。f_0 的范数是 $N_0 = \langle f_0 | f_0 \rangle$，因此，$\phi_0 = f_0 / N_0^{\frac{1}{2}}$。

第二步，令 ϕ_1 为 ϕ_0 和 f_1 的线性组合，它与 ϕ_0 正交，且是归一化的。因 $\{f_i\}$ 是线性无关的，所以这是可以得到的。即

$$\phi_1 = N^{-\frac{1}{2}} (c\phi_0 + f_1) \tag{2-58}$$

$$\langle \phi_0 | \phi_1 \rangle = 0 \tag{2-59}$$

正交条件给出

$$c \langle \phi_0 | \phi_0 \rangle + \langle \phi_0 | f_1 \rangle = 0 \tag{2-60}$$

$$c = -\langle \phi_0 | f_1 \rangle \tag{2-61}$$

于是，有

$$\phi_1 = N_1^{-\frac{1}{2}} (f_1 - \langle \phi_0 | f_1 \rangle \phi_0) \tag{2-62}$$

和

$$\begin{aligned} N_1 &= \langle f_1 | f_1 \rangle - \langle \phi_0 | f_1 \rangle \langle f_1 | \phi_0 \rangle + \langle f_1 | \phi_0 \rangle \langle \phi_0 | f_1 \rangle - |\langle \phi_0 | f_1 \rangle|^2 \\ &= \langle f_1 | f_1 \rangle - |\langle \phi_0 | f_1 \rangle|^2 \end{aligned} \tag{2-63}$$

重复上述步骤一直到完备的正交归一函数组构造好为止。一般项为

$$\phi_k = N_k^{-\frac{\lambda}{2}} \left(f_k - \sum_{j=0}^{k-1} \langle \phi_j | f_k \rangle \phi_j \right) \tag{2-64}$$

其中，

$$N_k = \langle f_k | f_k \rangle - \sum_{j=0}^{k-1} |\langle \phi_j | f_k \rangle|^2 \tag{2-65}$$

从讨论中可知，如果函数的范数不是有限值，则这些函数就不能归一化。通常，分子结构量子力学设计的函数组几乎都是可归一化或平方可积的。

下面取全区间 $[-\infty, \infty]$ 上的函数组 $\{\exp(-\frac{x^2}{2})x^n\}$ 作为施密特正交化的例子。为此，首先证明这些函数是可归一化的，即

$$\langle f_n \mid f_n \rangle = \int_{-\infty}^{\infty} \exp\left(-\frac{x^2}{2}\right)x^n \exp\left(-\frac{x^2}{2}\right)x^n \mathrm{d}x$$

$$= \int_{-\infty}^{\infty} \exp(-x^2)x^{2n}\mathrm{d}x \qquad (2-66)$$

因为被积函数是偶函数，故可使积分简化为

$$\langle f_n \mid f_n \rangle = 2\int_0^{\infty} \exp(-x^2)x^{2n}\mathrm{d}x = \int_0^{\infty} \mathrm{e}^{-y} y^{\left(n-\frac{1}{2}\right)} \mathrm{d}y \qquad (2-67)$$

进一步，

$$\langle f_n \mid f_n \rangle = \left(n-\frac{1}{2}\right)\left(n-\frac{3}{2}\right)\cdots\left(\frac{1}{2}\right)\int_0^{\infty} \mathrm{e}^{-y}y^{-t/2}\mathrm{d}y$$

$$= 2\left(n-\frac{1}{2}\right)\left(n-\frac{3}{2}\right)\cdots\left(\frac{1}{2}\right)\int_0^{\infty} \mathrm{e}^{-x^2}\mathrm{d}x$$

$$= 2(n-1)(2n-3)\cdots 1 \cdot \frac{\pi^{\frac{1}{2}}}{2^n} \qquad (2-68)$$

由上可知，对所有的 n，范数 N_n 都是有限值，因此 $\left\{\exp\left(-\frac{x^2}{2}\right)x^n\right\}$ 中的所有函数都是可归一化的。

要构造正交归一化函数组，先将 $f_0 = \exp\left(-\frac{x^2}{2}\right)x^0 = \exp\left(-\frac{x^2}{2}\right)$ 归一化。其范数为 $\pi^{\frac{1}{2}}$，故得到 $\phi_0 = \pi^{-\frac{1}{4}}\exp\left(-\frac{x^2}{2}\right)$。

用方程 $(2-62)$ 和方程 $(2-63)$ 求下一个函数，它是方程 $(2-64)$ 和方程 $(2-65)$ 的特殊情况。为了使用这些方程，必须先求出 $\langle \phi_0 | f_1 \rangle$ 和 $\langle f_1 | f_1 \rangle$。因为被积函数是奇函数，故

$$\langle \phi_0 \mid f_1 \rangle = \int_{-\infty}^{\infty} \exp\left(-\frac{x^2}{2}\right)\pi^{-\frac{1}{4}}\exp\left(\frac{-x^2}{2}\right)x\mathrm{d}x = 0 \qquad (2-69)$$

根据方程 $(2-68)$

$$\langle f_1 \mid f_1 \rangle = \frac{\pi^{\frac{1}{2}}}{2} \qquad (2-70)$$

有

$$N_1 = \langle f_1 | f_1 \rangle - |\langle \phi_0 | f_1 \rangle|^2 = \frac{\pi^{\frac{1}{2}}}{2} \qquad (2-71)$$

和

$$\phi_1 = N_1^{-\frac{1}{2}}(f_1 - \langle \phi_0 \mid f_1 \rangle \phi_0) = 2^{\frac{1}{2}}\pi^{-\frac{1}{4}}\exp\left(\frac{-x^2}{2}\right)x \qquad (2-72)$$

应看到，因被积函数是奇函数，故这组函数所有形式为 $\langle \phi_i | f_j \rangle$（$i$ 是偶数，j 是奇数；或 i 是奇数，j 是偶数）的积分都是零，这使计算大大简化。

根据方程(2-62)和方程(2-63)，下一个函数的计算如下：

$$\phi_2 = N_2^{-\frac{1}{2}}(f_2 - \langle \phi_0 | f_2 \rangle \phi_0 - \langle \phi_1 | f_2 \rangle \phi_1)$$

$$= N_2^{-\frac{1}{2}}(f_2 - \langle \phi_0 | f_2 \rangle \phi_0) \tag{2-73}$$

$$N_2 = \langle f_2 | f_2 \rangle - |\langle \phi_0 | f_2 \rangle|^2 - |\langle \phi_1 | f_2 \rangle|^2$$

$$= \langle f_2 | f_2 \rangle - |\langle \phi_0 | f_2 \rangle|^2 \tag{2-74}$$

$\langle f_2 | f_2 \rangle$ 依据方程(2-68)计算为

$$\langle f_2 | f_2 \rangle = \frac{3}{4}\pi^{\frac{1}{2}} \tag{2-75}$$

$$\langle \phi_0 | f_2 \rangle = \int_{-\infty}^{\infty} \pi^{-\frac{1}{4}}\exp\left(\frac{-x^2}{2}\right)\exp\left(\frac{-x^2}{2}\right)x^2 \mathrm{d}x$$

$$= \pi^{-\frac{1}{4}}\int_{-\infty}^{\infty} x^2\exp(-x^2)\mathrm{d}x$$

$$= \pi^{-\frac{1}{4}}\frac{\pi^{\frac{1}{2}}}{2} = \frac{\pi^{\frac{1}{4}}}{2} \tag{2-76}$$

最后得出，

$$N_2 = \frac{3}{4}\pi^{\frac{1}{2}} - \frac{1}{4}\pi^{\frac{1}{2}} = \frac{\pi^{\frac{1}{2}}}{2} \tag{2-77}$$

$$\phi_2 = (\sqrt{2}\pi^{-1/4})\left\{\exp\left(\frac{-x^2}{2}\right)x^2 - \frac{\pi^{1/4}}{2}\pi^{-1/4}\exp\left(\frac{-x^2}{2}\right)\right\}$$

$$= \pi^{-1/4}\exp\left(\frac{-x^2}{2}\right)\frac{(2x^2-1)}{\sqrt{2}} \tag{2-78}$$

用这种方法构造的正交归一函数组的形式是 $\pi^{-1/4}\exp\left(\frac{-x^2}{2}\right)H_n(x)$，式中 $H_n(x)$ 表示下列多项式之一，

$$H_0(x) = 1$$

$$H_1(x) = \sqrt{2}x \tag{2-79}$$

$$H_2(x) = \frac{2x^2-1}{\sqrt{2}}$$

$$\cdots$$

从式(2-79)可以看出，偶数多项式只包含 x 的偶次幂，奇数多项式只包含 x 奇次幂。这些多项式与著名的厄米多项式成正比。我们用函数组 $\{\exp(-\frac{x^2}{2})x^n\}$ 构造的 $[-\infty, \infty]$ 区间上的正交归一函数组是量子力学谐振子波动方程的解。当然，在构造这些函数时，我们并未注意任何特殊物理问题。沿这个路线走，我们偶然会遇到一些物理问题的解，这将有助于加强量子力学中谐振子物理意义的理解和解算过程的简明性。

2.2.5　勒让德多项式和其他特殊函数

 知识扩展

勒让德

阿德利昂·玛利·埃·勒让德(公元 1752 年 9 月 18 日——1833 年 1 月 10 日)是法国数学家，生于巴黎，卒于同地。勒让德建立了许多重要的定理，尤其是在数论和椭圆积分方面，提出了对素数定理和二次互反律的猜测，并发表了初等几何教科书。他的代表作中的《行星外形的研究》(1784)，给出了特殊函数"勒让德多项式"的处理过程，并论述了该多项式的性质。

本小节着重考察勒让德多项式这一特殊函数，在此基础上进一步粗略地给出联属勒让德方程的解，并简要介绍一个特殊函数——球谐函数。数学中，形成勒让德多项式的方法有很多，最常用的有四种：一是施密特正交化构造勒让德多项式；二是解勒让德微分函数；三是使用勒让德多项式的母函数；四是勒让德多项式微分表达式。

1. 施密特正交化构造勒让德多项式

对在区间 $[-1,1]$ 上的函数组 $\{x^n\}$ 进行施密特正交化，可以得到勒让德多项式。先令 ϕ_0 与 $x^0=1$ 成比例，并在该区间归一化：

$$N_0 = \int_{-1}^{1} \mathrm{d}x = 2 \tag{2-80}$$

$$\phi_0 = \left(\frac{1}{2}\right)^{1/2} \tag{2-81}$$

再用方程(2-64)和方程(2-65)，得出

$$N_1 = \langle f_1 \mid f_1 \rangle - |\langle \phi_0 \mid f_1 \rangle|^2 = \langle f_1 \mid f_1 \rangle = \int_{-1}^{1} x^2 \,\mathrm{d}x \tag{2-82}$$

$$\phi_1 = N_1^{-1/2}(f_1 - \langle \phi_0 \mid f_1 \rangle \phi_0) = \left(\frac{3}{2}\right)^{1/2} x \tag{2-83}$$

由于被积函数是奇函数，所以 $\langle \phi_0 \mid f_1 \rangle = 0$。

接下来，可求出

$$N_2 = \langle f_2 \mid f_2 \rangle - |\langle \phi_0 \mid f_2 \rangle|^2 \tag{2-84}$$

$$\phi_2 = N_2^{-1/2}(f_2 - \langle \phi_0 \mid f_2 \rangle \phi_0) \tag{2-85}$$

需要计算

$$\langle f_2 \mid f_2 \rangle = \int_{-1}^{1} x^4 \,\mathrm{d}x = \frac{2}{5} \tag{2-86}$$

$$\langle \phi_0 \mid f_2 \rangle = \int_{-1}^{1} \left(\frac{1}{2}\right)^{1/2} x^2 \,\mathrm{d}x = \left(\frac{1}{2}\right)^{1/2} \frac{2}{3} \tag{2-87}$$

由此得出

$$N_2 = \frac{2}{5} - \frac{1}{2} \times \frac{4}{9} = \frac{8}{45} \tag{2-88}$$

$$\phi_2 = \left(\frac{45}{8}\right)^{1/2} \left(x^2 - \frac{1}{3}\right) = \left(\frac{5}{2}\right)^{1/2} \left(\frac{3}{2}x^2 - \frac{1}{2}\right) \tag{2-89}$$

这些函数的表达式是

$$\phi_0 = \left(\frac{1}{2}\right)^{1/2} \cdot 1, \ \phi_1 = \left(\frac{3}{2}\right)^{1/2} \cdot x$$

$$\phi_2 = \left(\frac{5}{2}\right)^{1/2} \left(\frac{3}{2}x^2 - \frac{1}{2}\right), \ \phi_3 = \left(\frac{7}{2}\right)^{1/2} \left(\frac{5}{2}x^3 - \frac{3}{2}x\right) \tag{2-90}$$

整个正交归一函数组是 $\left\{\left[\frac{(2n+1)}{2}\right]^{1/2} P_n(x)\right\}$，式中 $P_n(x)$ 表示 n 次勒让德多项式。

2. 解勒让德微分方程

勒让德多项式是式(2-91)微分方程的解：

$$\frac{\mathrm{d}}{\mathrm{d}x}\left[(1-x^2)\frac{\mathrm{d}f}{\mathrm{d}x}\right] + l(l+1)f = 0 \tag{2-91}$$

式中，l 是正整数或零。注，该微分方程更常见的形式如下：

$$(1-x^2)\frac{\mathrm{d}^2\Theta}{\mathrm{d}x^2} - 2x\frac{\mathrm{d}\Theta}{\mathrm{d}x} + \lambda\Theta = 0 \tag{2-92}$$

其中，$x = \cos\theta$；Θ 就是式(2-91)中的函数 f，它是 x 的函数，也就是 θ 的函数；$\lambda = l(l+1)$。

我们能够用解微分方程的方法直接导出微分方程(2-91)的结果。下面用级数 $f = \sum\limits_n a_n x^n$ 求解。将此级数代入方程(2-91)，可得

$$\frac{\mathrm{d}}{\mathrm{d}x}\left[(1-x^2)\sum_n na_n x^{n-1}\right] + \left[l(l+1)\sum_n a_n x^n\right] = 0 \tag{2-93}$$

$$\frac{\mathrm{d}}{\mathrm{d}x}\left[\sum_n na_n x^{n-1} - \sum_n na_n x^{n+1}\right] + \sum_n l(l+1)a_n x^n = 0 \tag{2-94}$$

$$\sum_n n(n-1)a_n x^{n-2} - \sum_n n(n+1)a_n x^n + \sum_n l(l+1)a_n x^n = 0 \tag{2-95}$$

注意到，式(2-95)的第一项求和时，n 取 0 和 1 时为零。这样，若将式(2-95)所有 x 的幂相同的项集合在一起，可得

$$\sum_n x^n \left[(n+2)(n+1)a_{n+2} - n(n+1)a_n + l(l+1)a_n\right] = 0 \tag{2-96}$$

因为函数组 $\{x^n\}$ 是线性无关的，对于每一个 n，系数项都恒等于零，这就得出展示系数的递推公式

$$a_{n+2} = \frac{[n(n+1) - l(l+1)]a_n}{(n+2)(n+1)} \tag{2-97}$$

式(2-97)给出从第一个系数出发求每隔一项系数的规则。若已知 a_0 和 a_1，则所有系数可求和，求出所有系数，f 就可求得。

这样，f 可表示为偶次项之和与奇次项之和两类级数相加，即

$$f = \sum_{k=0}^{\infty} a_{2k} x^{2k} + \sum_{k=0}^{\infty} a_{2k+1} x^{2k+1} \qquad (2-98)$$

注意到，若方程的次数 l 是偶数，当达到其 $n=l$ 的某项时，$n(n+1)$ 就等于 $l(l+1)$，则后边的系数 a_{n+2} 就等于零。因此，后边所有的系数皆等于零。换言之，若 l 是偶数，则幂级数的偶次项在 $n=l$ 处断掉余项，由无穷级数变为有限多项式。奇次项当然仍继续存在下去，但奇数幂的无穷级数在 $x=\pm 1$ 时发散，因而没有意义。同样，若 l 是奇数，奇幂级数在 $n=l$ 处终止，偶幂级数是在 $x=\pm 1$ 处发散的无穷级数。

因此当 l 为偶数时，可令 a_1 为零，式（2-98）可化为

$$f = \sum_{k=0}^{\infty} a_{2k} x^{2k} \qquad (2-99)$$

另外，选取的 a_0 应使多项式 f_l 在 $x=\pm 1$ 时等于 1。a_0 确定了之后，整个 f 也随之确定了。同理，当 l 为奇数时，可令 a_0 为零，式（2-98）可化为

$$f = \sum_{k=0}^{\infty} a_{2k+1} x^{2k+1} \qquad (2-100)$$

举例说明，若 l 为偶数，偶数幂的有限级数如下，

$$l=0, \quad a_0=1, \quad f=P_0=1$$

$$l=2, \quad a_0=-\frac{1}{2}, \quad a_2=\frac{3}{2}, \quad f=P_2=\frac{3}{2}x^2-\frac{1}{2}$$

以此类推，$l=4$，$l=6$，…。

同样，若 l 是奇数，其结果如下

$$l=1, \quad a_1=1, \quad f=P_1=x$$

$$l=3, \quad a_1=-\frac{3}{2}, \quad a_3=\frac{5}{2}, \quad f=P_3=\frac{5}{2}x^3-\frac{3}{2}x$$

以此类推，$l=5$，$l=7$，…。

3. 使用勒让德多项式的母函数

一函数组的母函数是具有两个变量的函数，在用一个变量将此函数展成幂级数时，其系数是用另一变量表示的函数组。许多有用的关系式常常可从母函数中导出，但无构造母函数的一般方法。

勒让德多项式的母函数是

$$G(x, t) = (1-2xt+t^2)^{-1/2} = \sum_n P_n(x) t^n \qquad (2-101)$$

式（2-101）的证明如下：

将母函数写成 $[1-(2xt-t^2)]^{-1/2}$，按照牛顿二项式定理展开，可得

$$G(x, t) = 1 + \frac{1}{2} \cdot \frac{1}{1!}(2xt-t^2) + \frac{1}{2} \cdot \frac{3}{2} \cdot \frac{1}{2!}(2xt-t^2)^2 + \frac{1}{2} \cdot \frac{3}{2} \cdot \frac{5}{2} \cdot \frac{1}{3!}(2xt-t^2)^3 + \cdots$$

再按 t 的幂级数整理，可得

$$G(x, t) = 1 + xt + \left(\frac{-1}{2}+\frac{3}{2}x^2\right)(t^2) + \left(\frac{-3}{2}x+\frac{5}{2}x^2\right)t^3 + \cdots$$

$$= \sum_n P_n(x) t^n$$

4. 勒让德多项式微分表达式

通过勒让德多项式的 Rodrigues 公式，也可以获得勒让德多项式

$$P_l(x) = \frac{1}{2^l l!} \frac{d^l}{dx^l}(x^2 - 1)^l \tag{2-102}$$

对勒让德多项式的 Rodrigues 公式的证明从略，下面仅列出 $l=2$ 的例子予以辅助理解。

$$P_2(x) = \frac{1}{2^2 2!} \frac{d^2}{dx^2}(x^2 - 1)^2 = \frac{3}{2}x^2 - \frac{1}{2} \tag{2-103}$$

了解了勒让德多项式的解算之后，本节在此基础上进一步给出联属勒让德微分方程的解，进而简要介绍球谐函数。球谐函数将在本章第四节中遇到，请大家理解掌握。

式(2-104)即为联属勒让德微分方程，当 $m=0$ 时，该方程化为勒让德微分方程(2-91)。

$$\frac{d}{dx}\left[(1-x^2)\frac{df}{dx}\right] + \left[l(l+1) - \frac{m^2}{1-x^2}\right]f = 0 \tag{2-104}$$

式中，m 是整数，此方程的解称为联属勒让德函数，由两个指标 m 和 l 标记。

$$P_l^m(x) = (-1)^m (1-x^2)^{m/2} \frac{d^m P_l(x)}{dx^m} \tag{2-105}$$

联属勒让德函数在区间 $[-1, 1]$ 内也是正交的，即 $\langle P_{l'}^m | P_l^m \rangle = 0$。$l$ 不同、m 相同的二联属勒让德函数的内积为零。联属勒让德函数的范数是

$$N(P_l^m) = 2(l+m)!(2l+1)(l-m)! \tag{2-106}$$

对确定的 m 和 $l=m, m+1, \cdots$，定义在 $[-1, 1]$ 区间的函数组

$$\left\{\left[\frac{(2l+1)(l-m)!}{2(l+m)!}\right]^{1/2} P_l^m(x)\right\} \tag{2-107}$$

是完备的、正交归一的。勒让德多项式是这组函数的特例，因为若 $m=0$，则这组函数与用施密特正交化构造的函数组相同。

用 $\cos\theta$ 代换 x，联属勒让德函数可改写为在 $0 \leqslant \theta \leqslant \pi$ 区间上角变量 θ 的函数。因此，函数组 $\{P_l^m(\theta)\}$ 是在 $[0, \pi]$ 区间上变量为 θ 的完备正交函数组。在 2.2.3 小节已见到 $\{(2\pi)^{-1/2} e^{im\phi}\}$ 是在 $[0, 2\pi]$ 区间上变量为 ϕ 的完备正交归一函数组。函数组 $\left\{\left[\frac{(2l+1)(l-m)!}{2(l+m)!}\right]^{1/2} p_l^m(\cos\theta)\right\}$ 的每一个成员乘以完备正交归一函数组 $\{(2\pi)^{-1/2} e^{im\phi}\}$ 的每一成员，得到的函数组对二变量都是完备的、正交归一的，称其为球谐函数：

$$\begin{cases} Y_{l,m}(\theta, \phi) = \left[\frac{(2l+1)(l-m)!}{4\pi(l+m)!}\right]^{1/2} P_l^m(\cos\theta) e^{im\phi} \\ Y_{l,m}(\theta, \phi) = (-1)^m Y_{l,m}^* \end{cases} \tag{2-108}$$

通常称指标 m 为球谐函数的"阶"，指标 l 为球谐函数的"次"。次 l 取值为 $0, 1, 2, \cdots$；阶 m 取值为 $-l, (-l+1), \cdots, 0, \cdots, (l-1), l$。$m$ 正取值对应式(2-108)中上式，m 负取值对应式(2-108)中下式。

现在，讨论本小节特殊函数的学习要求。同学们应掌握勒让德及其他函数，以便能够很容易地想象出用这些函数描述的化学体系的行为。

最后，以量子力学的特殊函数一览表(见表2-1)结束本节。

表 2-1　量子力学的特殊函数

调和函数	$\{e^{imx}\}$
微分方程	$\left(\dfrac{d^2 f}{dx^2}\right) + m^2 f = 0$
正交化	在$[0, 2\pi]$区间
归一化因子	$(2\pi)^{-1/2}$
应用	移动
勒让德函数	$\{P_l(x)\}$
微分方程	$(1-x^2)\left(\dfrac{d^2 f}{dx^2}\right) - \dfrac{2x\,df}{dx} + l(l+1)f = 0$
正交化	对$[-1, 1]$区间的$\{x^n\}$
归一化因子	$\left[\dfrac{(2l+1)}{2}\right]^{1/2}$
母函数	$(1-2xt+l^2)^{-1/2} = \sum\limits_n P_n(x)t^n$
应用	角运动
联属勒让德函数	$\{P_l^m(x)\}$
微分方程	$(1-x^2)\left(\dfrac{d^2 f}{dx^2}\right) - 2x\left(\dfrac{df}{dx}\right) + \left[l(l+1) - \dfrac{m^2}{(1-x^2)}\right]f = 0$
正交化	相同m，不同l，在区间$[-1, 1]$上
归一化因子	$\left[(2l+1)\dfrac{(l-m)!}{2(l+m)!}\right]^{1/2}$
应用	角运动
拉基尔函数	$\{L_n(x)\}$
微分方程	$x\left(\dfrac{d^2 f}{dx^2}\right) + \left(\dfrac{df}{dx}\right) - \left(\dfrac{1}{2} + \dfrac{x}{4} + n\right)f = 0$
正交化	对$[0, \infty]$区间的$\{e^{-x/2}x^n\}$
归一化因子	$1/n!$
母函数	$\dfrac{\exp\left(\dfrac{-xt}{1-t}\right)}{1-t} = \sum\limits_n L_n(x)t^n$
应用	径向运动
厄米函数	$\{H_n(x)\}$
微分方程	$\left(\dfrac{d^2 f}{dx^2}\right) - 2x\left(\dfrac{df}{dx}\right) + 2nf = 0$
正交化	对$[-\infty, \infty]$区间的$\left\{\exp\left(\dfrac{-x^2}{2}\right)x^n\right\}$
归一化因子	$\left(\dfrac{1}{2^n n!\ \pi^{1/2}}\right)^{1/2}$
母函数	$\exp(2tx - x^2) = \sum\limits_n \dfrac{H_n(x)t^n}{n!}$
应用	谐振

2.3　线性谐振子

如果在一维空间内运动的粒子的势能为 $\frac{1}{2}\mu\omega^2 x^2$，$\omega$ 是常量，则这种体系就称为线性谐振子。这个问题的重要性在于许多体系都可以近似看作是线性谐振子。例如，晶格的振动、分子的振动、原子核表面振动以及辐射场的振动等。

现在我们来解量子力学中的线性谐振子问题，即求该体系的能级和波函数。

选取适当的坐标系，使粒子的势能为 $\frac{1}{2}\mu\omega^2 x^2$，则体系的薛定谔方程可写为

$$\frac{\hbar^2}{2\mu}\frac{\mathrm{d}^2\psi}{\mathrm{d}x^2} + \left(E - \frac{\mu\omega^2}{2}x^2\right)\psi = 0 \qquad (2-109)$$

为方便起见，引入没有量纲的变量 ξ 代替 x，它们的关系是

$$\xi = \sqrt{\frac{\mu\omega}{\hbar}}x = \alpha x, \ \alpha = \sqrt{\frac{\mu\omega}{\hbar}} \qquad (2-110)$$

并令

$$\lambda = \frac{2E}{\hbar\omega} \qquad (2-111)$$

以 $\frac{2}{\hbar\omega}$ 乘以方程(2-109)，根据式(2-110)及式(2-111)，定态薛定谔方程可改写为

$$\frac{\mathrm{d}^2\psi}{\mathrm{d}\xi^2} + (\lambda - \xi^2)\psi = 0 \qquad (2-112)$$

这是一个变系数二级常微分方程。为了求这个方程的解，我们先看看 ψ 在 $\xi\to\pm\infty$ 时的渐进行为。当 $|\xi|$ 很大时，λ 与 ξ^2 相比可以略去，因而在 $\xi\to\pm\infty$ 时，方程(2-112)可写为

$$\frac{\mathrm{d}^2\psi}{\mathrm{d}\xi^2} = \xi^2\psi$$

它的解是 $\psi = \mathrm{e}^{\pm\frac{\xi^2}{2}}$，这就是方程(2-112)的渐进解（即 $\xi\to\pm\infty$ 时的解）。因为波函数的标准条件要求当 $\xi\to\pm\infty$ 时 ψ 应为有限，所以我们对波函数只取指数上的负号：$\psi = \mathrm{e}^{-\frac{\xi^2}{2}}$。

根据上面的讨论，我们把 ψ 写成如下形式来求方程(2-112)的解：

$$\psi(\xi) = \mathrm{e}^{-\frac{\xi^2}{2}}H(\xi) \qquad (2-113)$$

式中，待求的函数 $H(\xi)$ 在 ξ 为有限时应为有限，而当 $\xi\to\pm\infty$ 时，$H(\xi)$ 的行为也必须保证 $\psi(\xi)$ 为有限，只有这样才能满足波函数的标准条件。

将式(2-113)代入方程(2-112)中，先求出式(2-113)对 ξ 的二级微商：

$$\frac{\mathrm{d}\psi}{\mathrm{d}\xi} = \left(-\xi H + \frac{\mathrm{d}H}{\mathrm{d}\xi}\right)\mathrm{e}^{-\frac{\xi^2}{2}}$$

$$\frac{\mathrm{d}^2\psi}{\mathrm{d}\xi^2} = \left(-H - 2\xi\frac{\mathrm{d}H}{\mathrm{d}\xi} + \xi^2 H + \frac{\mathrm{d}^2 H}{\mathrm{d}\xi^2}\right)\mathrm{e}^{-\frac{\xi^2}{2}}$$

代入式(2-112)后,得到 $H(\xi)$ 以满足方程

$$\frac{\mathrm{d}^2 H}{\mathrm{d}\xi^2} - 2\xi \frac{\mathrm{d}H}{\mathrm{d}\xi} + (\lambda - 1)H = 0 \qquad (2-114)$$

用级数解法,把 H 展成 ξ 的幂级数来求这个方程的解。这个级数必须只含有限项,才能在 $\xi \to \pm\infty$ 时使 $\psi(\xi)$ 有限,而级数只含有限项的条件是 λ 为奇数,即

$$\lambda = 2n+1, \ n = 0, 1, 2, \cdots \qquad (2-115)$$

代入式(2-111),可求得线性谐振子的能级为

$$E_n = \hbar\omega\left(n + \frac{1}{2}\right), \quad n = 0, 1, 2, \cdots \qquad (2-116)$$

因此,线性谐振子的能量只能取分立值。两相邻能级间的间隔均为 $\hbar\omega$:

$$E_{n+1} - E_n = \hbar\omega \qquad (2-117)$$

这和普朗克假设一致。线性谐振子的基态($n=0$)的能量

$$E_0 = \frac{1}{2}\hbar\omega \qquad (2-118)$$

称为零点能,它是量子力学中所特有的,在旧量子论中是没有的。

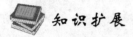

知识扩展

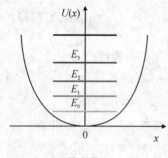

零点能

关于零点能的设想来自量子力学的一个著名概念:海森堡不确定性原理。该原理指出:不可能同时以较高的精确度得知一个粒子的位置和动量。因此,当温度降到绝对零度时粒子必定仍然在振动;否则,如果粒子完全停下来,那么它的动量和位置就可以同时精确的测知,而这是违反不确定性原理的。这种粒子在绝对零度时的振动(零点振动)所具有的能量就是零点能。

对应于式(2-115)中不同的 n 或者不同的 λ,方程(2-114)有不同的解 $H_n(\xi)$,其为上节介绍的厄米多项式。

由式(2-113)知,对应于能量 E_n 的波函数是

$$\left.\begin{array}{l}\psi_n(\xi) = N_n \mathrm{e}^{-\frac{\xi^2}{2}} H_n(\xi) \\[2mm] \psi_n(x) = N_n \mathrm{e}^{-\frac{\alpha^2}{2}x^2} H_n(\alpha x)\end{array}\right\} \qquad (2-119)$$

该函数为厄米函数。式中,N_n 是归一化常数,可由归一化条件求出。

2.4　氢　原　子

氢原子问题是原子和分子结构中最重要的一个问题,这不仅因为氢原子是最简单的原子,在量子力学中可用薛定谔方程精确求解,还因为氢原子的理论是了解复杂原子及分子结构的基础。本节将具体解出氢原子的薛定谔方程,得出氢原子的能级和波函数,并对氢

原子的一些重要特征给以定量的说明。

考虑一电子在带正电的原子核所产生的电场中运动，电子的质量为 μ，带电荷 $-e$，核电荷是 $+Ze$。$Z=1$ 时，这个体系为氢原子；$Z>1$ 时，体系称为类氢原子，如 $\text{He}^+(Z=2)$，$\text{Li}^{++}(Z=3)$，$\text{Be}^{+++}(Z=4)$ 等。

我们要讨论的是氢原子的内部结构问题，所以只考虑电子与原子核的相对运动。由于原子核质量比电子质量大很多，约为电子质量的 1840 倍，故原子核可视为静止，电子就是在这一不动的中心的库仑场中运动。若把坐标原点选在原子核上，则电子受核吸引的势能为

$$U(r) = \frac{-e^2}{r} \tag{2-120}$$

式中，r 为电子与原子核之间的距离。

待求体系定态薛定谔方程为

$$\left[-\frac{\hbar^2}{2\mu}\nabla^2 + U(r)\right]\psi = E\psi \tag{2-121}$$

由于势场为有心力场，故 $U(r)$ 具有球对称性。显而易见，这类问题采用球极坐标 (r, θ, ϕ) 比较方便，如图 2-5 所示。球极坐标 (r, θ, ϕ) 与直角坐标 (x, y, z) 的关系如下：

$$\begin{cases} x = r\sin\theta\cos\phi \\ y = r\sin\theta\sin\phi \\ z = r\cos\theta \end{cases}$$

如此，r, θ, ϕ 的变域为

$$\begin{cases} r > 0 \\ 0 < \theta < \pi \\ 0 < \phi < 2\pi \end{cases}$$

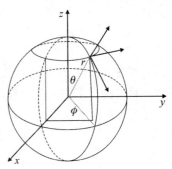

图 2-5　坐标变换示意图

在数学中，拉普拉斯算符的形式为

$$\nabla^2 = \begin{cases} \dfrac{\partial^2}{\partial x^2} + \dfrac{\partial^2}{\partial y^2} + \dfrac{\partial^2}{\partial z^2} \text{（直角坐标）} \\[2mm] \dfrac{1}{r^2}\dfrac{\partial}{\partial r}\left(r^2\dfrac{\partial}{\partial r}\right) + \dfrac{1}{r^2\sin\theta}\dfrac{\partial}{\partial\theta}\left(\sin\theta\dfrac{\partial}{\partial\theta}\right) + \dfrac{1}{r^2\sin^2\theta}\dfrac{\partial^2}{\partial\phi^2} \quad \text{（球极坐标）} \end{cases}$$

因此，式 (2-121) 在球极坐标中的形式是

$$-\frac{\hbar^2}{2\mu r^2}\left[\frac{\partial}{\partial r}\left(r^2\frac{\partial}{\partial r}\right) + \frac{1}{\sin\theta}\frac{\partial}{\partial\theta}\left(\sin\theta\frac{\partial}{\partial\theta}\right) + \frac{1}{\sin^2\theta}\frac{\partial^2}{\partial\phi^2}\right]\psi + U(r)\psi = E\psi$$

2.4.1　方程求解

由于需要用分离变量法将这一偏微分方程化为三个常微分方程，故此，我们令

$$\psi(r, \theta, \phi) = R(r)Y(\theta, \phi) \tag{2-122}$$

将式 (2-122) 代入式 (2-121) 的球极坐标形式中，并以 $-\dfrac{\hbar^2}{2\mu r^2}R(r)Y(\theta, \phi)$ 除以方程两边，

移项后得式(2-123)：

$$\frac{1}{R}\frac{d}{dr}\left(r^2\frac{dR}{dr}\right)+\frac{2\mu r^2}{\hbar^2}\left[E-U(r)\right]=-\frac{1}{Y}\left[\frac{1}{\sin\theta}\frac{\partial}{\partial\theta}\left(\sin\theta\frac{\partial Y}{\partial\theta}\right)+\frac{1}{\sin^2\theta}\frac{\partial^2 Y}{\partial\phi^2}\right] \quad (2-123)$$

这方程左边仅与 r 有关，右边仅与 θ、ϕ 有关，而 r、θ、ϕ 都是独立变量，所以只有等式两边都等于同一个常数时，等式(2-123)才能成立。以 λ 表示这个常数，则式(2-123)分离为两个方程，即

　　(1) 径向方程：

$$\frac{1}{r^2}\frac{d}{dr}\left(r^2\frac{dR}{dr}\right)+\left[\frac{2\mu}{\hbar^2}(E-U(r))-\frac{\lambda}{r^2}\right]R=0 \quad (2-124)$$

　　(2) 角量方程：

$$\frac{1}{\sin\theta}\frac{\partial}{\partial\theta}\left(\theta\frac{\partial Y}{\partial\theta}\right)+\frac{1}{\sin^2\theta}\frac{\partial^2 Y}{\partial\phi^2}+\lambda Y=0 \quad (2-125)$$

我们先使用分离变量法求解方程(2-125)。令 $Y(\theta,\phi)=\Theta(\theta)\Phi(\phi)$ 代入式(2-125)，并以 $\frac{\sin^2\theta}{\Theta\Phi}$ 乘以等式两边得

$$\frac{\sin\theta}{\Theta}\frac{d}{d\theta}\left(\sin\theta\frac{d\Theta}{d\theta}\right)+\lambda\sin^2\theta=-\frac{d^2\Phi}{\Phi d\phi^2} \quad (2-126)$$

这方程左边只含 θ，右边只含 ϕ，所以必须两边等于同一常数，以 m^2 表示这个常数，则由式 (2-146)得出下面两个方程：

　　(1) Θ 方程：

$$\frac{1}{\sin\theta}\frac{d}{d\theta}\left(\sin\theta\frac{d\Theta}{d\theta}\right)+\left(\lambda-\frac{m^2}{\sin^2\theta}\right)\Theta=0 \quad (2-127)$$

　　(2) 方位角方程：

$$\frac{d^2\Phi}{d\phi^2}+m^2\Phi=0 \quad (2-128)$$

这样，球极坐标薛定谔方程经过分离变量，得出了三个只含一个独立变量的常微分方程：径向方程、Θ 方程和方位角方程。

　　先解最简单的方位角方程，这是一个常系数线性方程，它的通解是

$$\Phi=Ae^{im\phi}+Be^{-im\phi} \quad (2-129)$$

其中 A、B 是任意常数。根据波函数的标准条件，Φ 必须是单值函数，因此，周期性条件是

$$\Phi(\phi)=\Phi(\phi+2\pi) \quad (2-130)$$

即 Φ 是以 2π 为周期的函数，这要求式(2-129)中的参数 m 只能是

$$m=0,\pm1,\pm2,\cdots$$

因此满足周期性条件式(2-130)的特解是

$$\Phi=Ae^{im\phi},\ m=0,\pm1,\pm2,\cdots \quad (2-131)$$

其中 m 称为磁量子数。利用归一化条件可求得归一化常数 $A=\frac{1}{\sqrt{2\pi}}$，于是

$$\Phi=\frac{1}{\sqrt{2\pi}}e^{im\phi},\ m=0,\pm1,\pm2,\cdots \quad (2-132)$$

其次，解 Θ 方程。这个方程的系数是超越函数，不便于求解，因此设法把系数化为代数式，为此令 $\xi = \cos\theta$ 及用函数 $p(\xi)$ 代替 $\Theta(\theta)$。

根据 $0 \leqslant \theta \leqslant \pi$，有自变数 ξ 的变化范围 $-1 \leqslant \xi \leqslant +1$。考虑到 $\sin^2\theta = 1 - \xi^2$，$\dfrac{d}{d\theta} = \dfrac{d\xi}{d\theta}\dfrac{d}{d\xi} = -\sin\theta \dfrac{d}{d\xi} = -\left(1 - \xi^2\right)^{\frac{1}{2}} \dfrac{d}{d\xi}$，方程（2-127）可化为如下形式：

$$\frac{d}{d\xi}\left[(1 - \xi^2)\frac{dp}{d\xi}\right] + \left(\lambda - \frac{m^2}{1 - \xi^2}\right)p = 0 \tag{2-133}$$

式（2-133）是联属勒让德方程，其只有当 $\lambda = l(l+1)$，$l = 0, 1, 2, \cdots$，而且 $|m| \leqslant l$，$m = 0, \pm 1, \pm 2, \cdots \pm l$ 时，才有符合波函数标准条件的解。按式（2-133），对应于每个 l，可有 $2l+1$ 个 m 值，对应的解为

$$p_l^m(\xi) = (1 - \xi^2)^{\frac{|m|}{2}} \frac{d^{|m|}}{d\xi^{|m|}} p_l(\xi) \tag{2-134}$$

$p_l^{|m|}(\xi)$ 为联属勒让德函数。其中，

$$p_l(\xi) = \frac{1}{2^l l!} \frac{d^l}{d\xi^l}(\xi^2 - 1)^l \tag{2-135}$$

为勒让德多项式。

将式（2-132）和式（2-134）代入 $Y(\theta, \phi) = \Theta(\theta)\Phi(\phi)$，角量方程（2-125）的解是球谐函数

$$Y_{lm}(\theta, \phi) = N_{lm}P_l^{|m|}(\cos\theta)e^{im\phi} \tag{2-136}$$

式中，N_{lm} 是归一化常数，可由归一化条件求出。

表 2-2 列出了前面几个球谐函数。

表 2-2　球谐函数

$l=0$	$m=0$	$Y_{0,0} = \dfrac{1}{\sqrt{4\pi}}$
$l=1$	$m=0$	$Y_{1,0} = \sqrt{\dfrac{3}{4\pi}}\cos\theta$
	$m=\pm 1$	$Y_{1,\pm 1} = \sqrt{\dfrac{3}{8\pi}}\sin\theta\, e^{\pm i\phi}$
$l=2$	$m=0$	$Y_{2,0} = \sqrt{\dfrac{5}{16\pi}}(3\cos^2\theta - 1)$
	$m=\pm 1$	$Y_{2,\pm 1} = \sqrt{\dfrac{15}{8\pi}}\sin^2\theta\, e^{\pm 2i\phi}$
	$m=\pm 2$	$Y_{2,\pm 2} = \sqrt{\dfrac{15}{32\pi}}\sin^2\theta\, e^{\pm 2i\phi}$

径向方程的解 $R(r)$ 和能量 E 的表达式由势能 $U(r)$ 的具体形式决定，将氢原子中电子

势能的表达式(2-120)和 l、m 的关系代入径向方程，得到氢原子径向波函数 $R(r)$ 所满足的方程

$$\frac{1}{r^2}\frac{\mathrm{d}}{\mathrm{d}r}\left(r^2\frac{\mathrm{d}R}{\mathrm{d}r}\right)+\left[\frac{2\mu}{\hbar^2}\left(E+\frac{Ze_s^2}{r}\right)-\frac{l(l+1)}{r^2}\right]R=0 \qquad (2-137)$$

这个方程的求解非常复杂，这里仅对结果进行讨论。

(1)当 $E>0$ 时，电子的动能大于电子与原子核相互作用的势能的绝对值，因而此时电子不再受原子核的束缚而运动到无限远处(电离)。

(2)当 $E<0$ 时，要使方程有满足波函数有限条件的解，E 只能取分立值，电子处于束缚态。此时，

$$E_n=-\frac{\mu z^2}{2\hbar^2}\frac{e_s^4}{n^2},\quad n=1,2,3\cdots \qquad (2-138)$$

其中，$n=n_r+l+1$，而

$$\begin{cases} n_r=0,1,2,\cdots \\ l=0,1,2,\cdots,n-1 \end{cases} \qquad (2-139)$$

式(2-138)即为束缚态氢原子的能量量子化公式。该式表明，处于束缚态的电子能量是量子化的，可形成原子的能级，而相邻能级间的距离随 n 增大而减小，当 $n=\infty$ 时，$E_\infty=0$，电子不再束缚在原子核周围而可以完全脱离原子核开始电离。$E_\infty=0$ 与基态能量之差 $(E_\infty-E_1)$ 称为电离能。从理论上计算出的氢原子电离能和氢原子谱线的频率，与实验结果相符。氢原子能级与电离示意图如图 2-6 所示。

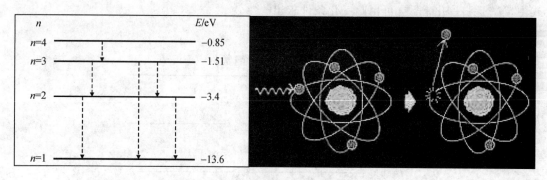

图 2-6　氢原子能级与电离示意图

式(2-137)满足波函数标准条件的解(径向波函数)为

$$R_{nl}(r)=N_{nl}\mathrm{e}^{-\frac{z}{na_0}r}\left(\frac{2Z}{a_0}r\right)^l L_{n+1}^{2l+1}\left(\frac{2Z}{na_0}r\right) \qquad (2-140)$$

式中，$a_0=\dfrac{\hbar^2}{\mu e_s^2}$ 是氢原子第一玻尔轨道半径；

$$L_{n+1}^{2l+1}\left(\frac{2Z}{na_0}r\right)=\sum_{v=0}^{n-l-1}(-1)^{v+1}\frac{\left[(n+1)!\right]^2\left(\frac{2Z}{na_0}r\right)^v}{(n-l-1-v)!(2l+1+v)!v!} \qquad (2-141)$$

为联属拉基尔多项式。

表 2-3 列出了几个径向波函数。

表 2 - 3　径向波函数

$n=1$	$l=0$	$R_{1,0}(r)=\left(\dfrac{Z}{a_0}\right)^{\frac{3}{2}} \cdot 2\mathrm{e}^{\frac{Zr}{a_0}}$
$n=2$	$l=0$	$R_{2,0}(r)=\left(\dfrac{Z}{2a_0}\right)^{\frac{3}{2}} \cdot \left(2-\dfrac{Zr}{a_0}\right)\mathrm{e}^{-\frac{Zr}{2a_0}}$
	$l=1$	$R_{2,1}(r)=\left(\dfrac{Z}{2a_0}\right)^{\frac{3}{2}} \cdot \dfrac{Zr}{a_0\sqrt{3}}\mathrm{e}^{-\frac{Zr}{2a_0}}$
$n=3$	$l=0$	$R_{3,0}(r)=\left(\dfrac{Z}{3a_0}\right)^{\frac{3}{2}} \cdot \left[2-\dfrac{4Zr}{3a_0}+\dfrac{4}{27}\left(\dfrac{Zr}{a_0}\right)^2\right]\mathrm{e}^{-\frac{Zr}{3a_0}}$
	$l=1$	$R_{3,1}(r)=\left(\dfrac{2Z}{a_0}\right)^{\frac{3}{2}} \cdot \left(\dfrac{2}{27\sqrt{3}}-\dfrac{Zr}{81a_0\sqrt{3}}\right)\dfrac{Zr}{a_0}\mathrm{e}^{-\frac{Zr}{3a_0}}$
	$l=2$	$R_{3,2}(r)=\left(\dfrac{2Z}{a_0}\right)^{\frac{3}{2}} \cdot \dfrac{1}{81\sqrt{15}}\left(\dfrac{Zr}{a_0}\right)^2\mathrm{e}^{-\frac{Zr}{3a_0}}$

2.4.2　结果与讨论

1. 总波函数

通过上一节的理论计算，氢原子束缚态的总波函数为

$$\psi_{nlm}(r,\theta,\phi)=R_{nl}(r)Y_{lm}(\theta,\phi)=R_{nl}(r)\Theta_{lm}(\theta)\Phi_{m}(\phi) \tag{2-142}$$

主量子数：$n=1,2,3,\cdots$；角量子数：$l=0,1,2,\cdots(n-1)$；磁量子数：$m=0,\pm1,\pm2,$ $\cdots,\pm l$。在量子力学中，氢原子的定态波函数由主量子数 n、角量子数 l 和磁量子数 m 来表征，它是通过波函数 ψ_{nlm} 确定电子在空间的概率分布 $|\psi_{nlm}|^2\mathrm{d}\tau$ 的，并以此来表征电子状态。氢原子电子云示意图如图 2-7 所示。

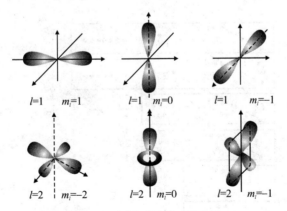

$l=1$　$m_l=1$　　　$l=1$　$m_l=0$　　　$l=1$　$m_l=-1$

$l=2$　$m_l=-2$　　　$l=2$　$m_l=0$　　　$l=2$　$m_l=-1$

图 2-7　氢原子电子云示意图

2. 能级特点及简并度

由上面讨论知，如果已知波函数 ψ_{nlm}，就可以确定电子所处的状态。通常我们用一些特定的符号来代表相应的量子态，如表 2-4 所示。

表 2-4　量子态的表示符号

	s	p	d	f	g	h	i	$\cdots$
l	0	1	2	3	4	5	6	$\cdots$

处于这些态的粒子依次简称为 s，p，d，f，g，$\cdots$ 粒子，主量子数 n 则用数字表示，并写在角量子数的前面。例如，$2p$ 表示电子处在 $n=2$，$l=1$ 的状态。氢原子的不同量子态示意图如图 2-8 所示。

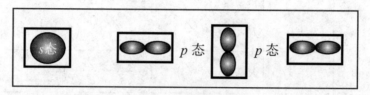

图 2-8　氢原子的不同量子态示意图

由能级公式可见，当主量子数 n 取某一特定值时，能级 E_n 就完全确定了，但波函数 ψ_{nlm} 还不能唯一地确定下来，这是因为对于一个 n 值，角量子数 l 却可以取

$$l = 0, 1, 2, \cdots, n-1 \tag{2-143}$$

n 个不同的数值；而对于每一个 l 的确定值，磁量子数 m 又可以取

$$m = 0, \pm 1, \pm 2, \cdots, \pm l \tag{2-144}$$

$2l+1$ 个不同的值。因此，在无外磁场的情况下，对应于每一个能级 E_n 有

$$\sum_{l=0}^{n-1} (2l+1) = \frac{1+[2(n-1)+1]}{2}n = n^2 \tag{2-145}$$

个波函数，即对于每一个能级，可以有 n^2 个可能的量子态，我们称第 n 个能级是 n^2 度简并的。多电子原子中的能级图如图 2-9 所示。

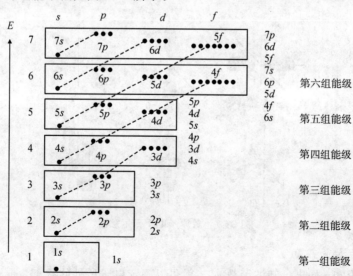

图 2-9　多电子原子中的能级图

3. 氢原子核外电子的概率分布

知道了氢原子的波函数 ψ_{nlm}，可以进一步讨论氢原子内电子的概率分布。为了便于同学们理解，下面仅给出部分角度分布结果。

当氢原子处于 $\psi_{nlm}(r, \theta, \phi)$ 态时，电子在点 (r, θ, ϕ) 周围的体积元 $d\tau = r^2 \sin\theta dr d\theta d\phi$ 内的概率是

$$w_{nlm}(r, \theta, \phi)d\tau = \mid \psi_{nlm}(r, \theta, \phi) \mid^2 r^2 \sin\theta dr d\theta d\phi$$
$$= \mid R_{nl}(r) Y_{lm}(\theta, \phi) \mid^2 r^2 \sin\theta dr d\theta d\phi \qquad (2-146)$$

将式(2-146)对 r 从零到无限大积分，并注意到 $R_{nl}(r)$ 是归一化的，便得到电子在 (θ, ϕ) 方向的立体角 $d\Omega = \sin\theta d\theta d\phi$ 中的概率

$$\omega_{lm}(\theta, \phi)d\Omega = \int_0^\infty \mid R_{nl}(r) Y_{lm}(\theta, \phi) \mid^2 r^2 dr d\Omega$$
$$= \mid Y_{lm}(\theta, \phi) \mid^2 d\Omega \qquad (2-147)$$
$$= N_{lm}^2 \left[P_l^{|m|}(\cos\theta) \right]^2 d\Omega$$

由于 ω_{lm} 与 ϕ 无关，因此，角概率分布是绕 Z 轴对称的立体图。作图时，只需作一个包含 Z 轴的概率分布平面图，然后绕 Z 轴旋转 180 度，就得到了立体的角分布图。

图 2-10 中画出了氢原子的 s 态和 p 态电子的角分布。由图可见，对于 s 态的氢原子，其电子概率分布是球对称的，按量子化学的术语，"电子云"的分布是具有球对称性的。但要特别注意，尽管氢原子体系(哈密顿量)具有球对称性，但并不能说在一切状态下的氢原子的电子分布都是球对称的，例如 p 态电子云。

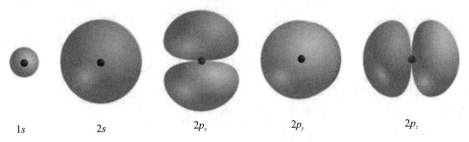

| 1s | 2s | $2p_x$ | $2p_y$ | $2p_z$ |

图 2-10 氢原子的 s 态和 p 态电子的角分布

本 章 小 结

在本章中，我们把定态薛定谔方程应用到几个比较简单的力学体系(一维无限深势阱、线性谐振子和氢原子问题)中去，求出了这些方程的解，并着重对这些情况下体系能量的物理意义进行了讲述。在方程求解过程中，我们还适当补充了一些数理方程的特殊函数，以帮助同学们更好地理解如何计算这些物理问题。

习　题

1. 原子或分子中电子可以粗略地看成是一维无限深势阱中的粒子，设势阱的宽度为 $1\text{ Å}(1\text{ Å}=10^{-10}\text{ m})$。

(1) 计算两个最低能级间的间隔；

(2) 电子在这两个能级间跃迁，发出的光的波长是多少？

2. 设一个质量为 m 的粒子在一维方势阱

$$U(x)=\begin{cases}0,\ 0<x<a\\ \infty,\ x<0,\ x>a\end{cases}$$

中运动，如第 2 题附图所示，求粒子在阱内外的能量本征值与本征函数。

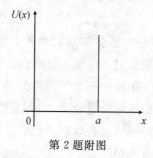

第 2 题附图

3. 考虑质点在下列势中运动的一维问题

$$\begin{cases}U(x)=\infty,\ x<0\\ U(x)=0,\ 0\leqslant x\leqslant a\\ U(x)=U_0,\ x>a\end{cases}$$

(1) 证明束缚态能级可由方程 $\tan(\sqrt{2mEa}/\hbar)=[E/(U_0-E)]^{1/2}$ 给出；

(2) 不进一步求解，大致画出基态波函数的形状。

4. 设一个质量为 m 的粒子束缚在势场 $U(x)$ 中作一维运动，其能量本征值和本征函数分别为 E_n，ψ_n，$n=1,2,3,\cdots$。求证：

$$\int_{-\infty}^{\infty}\psi_m(x)\psi_n(x)\mathrm{d}x=0,\ m\neq n$$

5. 若在一维无限深势阱中运动的粒子的量子数为 n，试求

(1) 距势阱壁 1/4 宽度内发现粒子的概率是多少？

(2) n 取何值时，在此区域内找到粒子的概率最大？

(3) 当 $n\to\infty$ 时，这个概率的极限是多少？该结果说明什么问题？

6. 荷电 q 的谐振子，受到外电场 E 的作用，

$$U(x)=\frac{1}{2}m\omega^2 x^2-qEx$$

求能量本征值和本征函数(提示，对 $U(x)$ 进行配方，相当于谐振子势的平衡点不在 $x=0$ 点)。

7. 一个处于谐振子势的粒子的初始态为

$$\Psi(x, 0) = A[3\psi_0(x) + 4\psi_1(x)]$$

(1) 求出 A；

(2) 给出 $\Psi(x, t)$。

8. 求氢原子基态径向分布的最大值(提示：必须首先求出电子处于 r 到 $r + dr$ 范围的概率)。

9. 试证明：处于 $1s$、$2p$ 和 $3d$ 态的氢原子的电子在离原子核的距离分别为 a_0、$4a_0$ 和 $9a_0$ 的球壳内被发现的概率最大(a_0 为第一玻尔轨道半径)。

10. 设氢原子处在 $\psi = \dfrac{1}{\sqrt{\pi a^3}} e^{-r/a_0}$ 处，a_0 为玻尔半径，求最可几半径。

第三章　力学量的算符表示与表象理论

在第一章中，我们已经看到，由于微观粒子具有波粒二象性，所以微观粒子状态的描述方式和经典粒子不同，需要用概率波函数来描写。量子力学中的微观粒子力学量，如坐标、动量由于具有波粒二象性，故它们不能同时有确定值，这使得我们不得不用和经典力学不同的方式，即用算符来表示微观粒子的力学量。

本章前半部分将讨论量子力学的力学量为什么需要用算符来表示、该算符有何特点、该算符对应本征值的本征函数有何特点，以及如何写出量子力学中力学量对应的算符。

量子力学可用两种观点处理，它们本质相同，但表现形式不同。简单地说，一种为微分方程形式，称为薛定谔波动力学；另一种是海森堡矩阵力学，其形式为矩阵。本章后半部分将讨论如何将薛定谔波动力学微分方程形式转化为海森堡矩阵力学形式，即量子力学中的表象理论。

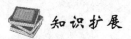 知识扩展

沃纳·卡尔·海森堡（Werner Karl Heisenberg，1901 年 12 月 5 日—1976 年 2 月 1 日），德国著名物理学家，量子力学的主要创始人，哥本哈根学派的代表人物，1932 年诺贝尔物理学奖获得者。他的《量子论的物理学基础》是量子力学领域的一部经典著作。他在微观粒子运动学和力学领域中做出了卓越的贡献。

海森堡

3.1　力学量与算符的关系

3.1.1　算符数学知识

1. 算符数学定义

算符是指作用在一个函数上得出另一个函数的运算符号。某种运算把函数 u 变为 v，用符号表示为

$$\hat{F}u = v \tag{3-1}$$

则表示这种运算的符号 $\hat{F}$ 就称为算符。例如，$\dfrac{\mathrm{d}u}{\mathrm{d}x}=v$，$\dfrac{\mathrm{d}}{\mathrm{d}x}$ 是微商算符；又如 $xu=v$，x 也是算符，它的作用是与 u 相乘。

如果算符 $\hat{F}$ 作用于一个函数 φ，结果等于 φ 乘上一个常数 λ，

$$\hat{F}\varphi = \lambda\varphi \tag{3-2}$$

则称 λ 为 $\hat{F}$ 的**本征值**，φ 为属于 λ 的**本征函数**，方程(3-2)称为算符 $\hat{F}$ 的**本征值方程**。

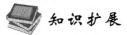 **知识扩展**

与量子化学有关的数学和物理，几乎没有例外，都是面向求解一类特殊问题的，这类特殊问题是用组成体系的粒子的基本性质(电荷、质量)计算分子体系的性质。分子中的电子能量可取一些分立值，但当能量值高达某一点后再高的能量值则在连续区中，这些能量值定性地示于右图中。一物理量的许可值称为本征值，它来源于德语特征值。求一物理量的本征值的数学问题称为本征值问题。

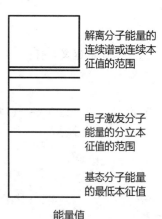

解离分子能量的连续谱或连续本征值的范围

电子激发分子能量的分立本征值的范围

基态分子能量的最低本征值

能量值

如果对于任意两个函数 φ 和 ϕ，算符 $\hat{F}$ 满足下列等式

$$\int \varphi^* \hat{F}\phi\,\mathrm{d}x = \int (\hat{F}\varphi)^* \phi\,\mathrm{d}x \tag{3-3}$$

则称 $\hat{F}$ 为**厄米算符**。式中，x 代表所有变量，积分范围是所有变量变化的整个区域。

由式(3-3)很容易证明，厄米算符的本征值是实数。以 λ 表示 $\hat{F}$ 的本征值，φ 表示所属的本征函数，则 $\hat{F}\varphi=\lambda\varphi$。在式(3-3)中，若取 $\phi=\varphi$，于是有

$$\lambda \int \varphi^* \varphi\,\mathrm{d}x = \lambda^* \int \varphi^* \varphi\,\mathrm{d}x \tag{3-4}$$

由此得 $\lambda=\lambda^*$，即 λ 是实数。

2. 厄米算符本征函数的正交性

现在我们来进一步讨论厄米算符本征函数的一个基本性质——正交性，首先要证明这个性质。

设 $\phi_1, \phi_2, \cdots, \phi_n, \cdots$ 是厄米算符 $\hat{F}$ 的本征函数，它们所属的本征值 $\lambda_1, \lambda_2, \cdots, \lambda_n, \cdots$ 都不相等。我们要证明当 $k\neq l$ 时，有

$$\int \phi_k^* \phi_l\,\mathrm{d}\tau = 0 \tag{3-5}$$

证明： 已知

$$\hat{F}\phi_k = \lambda_k\phi_k \tag{3-6}$$

$$\hat{F}\phi_l = \lambda_l\phi_l \tag{3-7}$$

且当 $k \neq l$ 时，

$$\lambda_k \neq \lambda_l \qquad (3-8)$$

因为 $\hat{F}$ 是厄米算符，它的本征值都是实数，即 $\lambda_k = \lambda_k^*$，所以式(3-6)的共轭复数可写为

$$(\hat{F}\phi_k)^* = \lambda_k \phi_k^* \qquad (3-9)$$

以 ϕ_l 右乘式(3-9)左右两边，并对变量在整个区域内积分，得

$$\int (\hat{F}\phi_k)^* \phi_l \mathrm{d}\tau = \lambda_k \int \phi_k^* \phi_l \mathrm{d}\tau \qquad (3-10)$$

以 ϕ_k^* 左乘式(3-7)左右两边，并对变量在整个区域内积分，得

$$\int \phi_k^* (\hat{F}\phi_l) \mathrm{d}\tau = \lambda_l \int \phi_k^* \phi_l \mathrm{d}\tau \qquad (3-11)$$

由厄米算符定义，有

$$\int \phi_k^* (\hat{F}\phi_l) \mathrm{d}\tau = \int (\hat{F}\phi_k)^* \phi_l \mathrm{d}\tau$$

即式(3-10)和式(3-11)左边相等，因而这两等式的右边也相等，即

$$\lambda_k \int \phi_k^* \phi_l \mathrm{d}\tau = \lambda_l \int \phi_k^* \phi_l \mathrm{d}\tau$$

或

$$(\lambda_k - \lambda_l) \int \phi_k^* \phi_l \mathrm{d}\tau = 0 \qquad (3-12)$$

由式(3-8)有

$$\lambda_k - \lambda_l \neq 0$$

所以式(3-12)给出

$$\int \phi_k^* \phi_l \mathrm{d}\tau = 0$$

这就是我们要证明的式(3-5)，即无论 $\hat{F}$ 的本征值组成分立谱还是连续谱，这个定理及其证明都成立。

在 $\hat{F}$ 的本征值 λ_k 组成分立谱的情况下，假定本征函数 ϕ_k 已归一化：

$$\int \phi_k^* \phi_k \mathrm{d}\tau = 1 \qquad (3-13)$$

则式(3-5)和式(3-13)可以合并写为

$$\int \phi_k^* \phi_l \mathrm{d}\tau = \delta_{kl} \qquad (3-14)$$

在上面证明厄米算符本征函数的正交性时，我们曾假设这些本征函数所属的本征值互不相等。如果 $\hat{F}$ 的一个本征值 λ_n 是 f 度简并的，则属于它的本征函数不止一个，而是 f 个，即为 $\phi_{n1}, \phi_{n2}, \cdots, \phi_{nf}$，

$$\hat{F}\phi_{ni} = \lambda_n \phi_{ni}, \quad i = 1, 2, \cdots, f,$$

则上面的证明对这些函数不能适用，一般说来，这些函数并不一定相互正交。

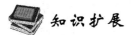**知识扩展**

$$\boldsymbol{\beta}_2 = \boldsymbol{\beta} - \boldsymbol{\beta}_1 = \boldsymbol{\beta} - c\boldsymbol{\alpha}$$

设 $\boldsymbol{\alpha}_1$，$\boldsymbol{\alpha}_2$，$\boldsymbol{\alpha}_3$ 线性无关。

正交化：令

$$\boldsymbol{\beta}_1 = \boldsymbol{\alpha}_1$$

$$\boldsymbol{\beta}_2 = \boldsymbol{\alpha}_2 - \frac{(\boldsymbol{\beta}_1, \boldsymbol{\alpha}_2)}{(\boldsymbol{\beta}_1, \boldsymbol{\beta}_1)}\boldsymbol{\beta}_1$$

设

$$\boldsymbol{\beta}_2 = \boldsymbol{\alpha}_2 - k\boldsymbol{\beta}_1, \quad (\boldsymbol{\beta}_2, \boldsymbol{\beta}_1) = (\boldsymbol{\alpha}_2, \boldsymbol{\beta}_1) - k(\boldsymbol{\beta}_1, \boldsymbol{\beta}_1)$$

当 $k = \dfrac{(\boldsymbol{\alpha}_2, \boldsymbol{\beta}_1)}{(\boldsymbol{\beta}_1, \boldsymbol{\beta}_1)}$ 时，$\boldsymbol{\beta}_2$，$\boldsymbol{\beta}_1$ 正交，

$$\boldsymbol{\beta}_3 = \boldsymbol{\alpha}_3 - \frac{(\boldsymbol{\beta}_1, \boldsymbol{\alpha}_3)}{(\boldsymbol{\beta}_1, \boldsymbol{\beta}_1)}\boldsymbol{\beta}_1 - \frac{(\boldsymbol{\beta}_2, \boldsymbol{\alpha}_3)}{(\boldsymbol{\beta}_2, \boldsymbol{\beta}_2)}\boldsymbol{\beta}_2$$

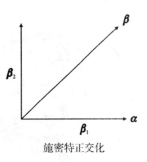

施密特正交化

所以，我们总可以用 f^2 个常数 A_{ji} 把这 f 个函数线性组合成 f 个新函数 ψ_{nj}：

$$\psi_{nj} = \sum_{i=1}^{f} A_{ji}\phi_{ni}, \quad j = 1, 2, \cdots, f \tag{3-15}$$

使得这些新函数 ψ_{nj} 是相互正交的。这是因为 ψ_{nj} 的正交归一化条件

$$\int \psi_{nj}^* \psi_{nj'} \mathrm{d}\tau = \sum_{i=1}^{f}\sum_{i'=1}^{f} A_{ji}^* A_{j'i'} \int \phi_{ni}^* \phi_{ni'} \mathrm{d}\tau = \delta_{jj'}, \quad j, j' = 1, 2, \cdots, f \tag{3-16}$$

共有 $\dfrac{f(f+1)}{2}$ 个方程$\left(\text{其中，} j = j' \text{的归一化条件有 } f \text{ 个，} j \neq j' \text{的正交条件有 } \dfrac{f(f-1)}{2} \text{个}\right)$，

而待定系数 A_{ji} 有 f^2 个。当 $f > 1$ 时，$F^2 > \dfrac{f(f+1)}{2}$，即待定系数 A_{ji} 的数目大于 A_{ji} 所应满足的方程的数目，故可以有许多种方法选择 A_{ji}，使函数 ψ_{nj} 满足正交归一化条件。显然，ψ_{nj} 仍是属于算符 $\hat{F}$ 的本征函数：

$$\hat{F}\psi_{nj} = \sum A_{ji} \hat{F}\phi_{ni} = \lambda_n \sum A_{ji}\phi_{ni} = \lambda_n \psi_{nj} \tag{3-17}$$

3.1.2　力学量与算符

1. 力学量的算符表示

　　了解了算符的基本数学知识，本小节将讨论为何量子力学的力学量需要用算符来表示。量子力学中微观粒子力学量与经典力学一样，仍为坐标、动量、角动量、能量等。由于微观粒子存在波粒二象性，故微观粒子的力学量需要用算符的方式来描述。

　　先以坐标为例讨论。首先我们回顾一下第一章 1.2.2 节的电子衍射实验。我们知道，在某一时刻，电子必定出现在显示屏的某点上。同时，值得注意的是，某一时刻电子可能出现在显示屏上的任意一点，但在各点出现的概率有所不同。这就意味着，当考察微观粒子坐标这一物理量时，微观粒子在某一时刻的坐标是确定值，但未到这一时刻，一切数值皆有可能。

　　再以能量为例讨论。这里我们先回顾一下第二章薛定谔方程的几个应用实例，从各例能量求解结果可知，某时刻微观粒子能量将有许多可能情况。同时，这些数值都是通过定态薛定谔方程（依据 3.1.1 节，定态薛定谔方程是一个本征值方程）求解获得的。

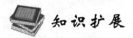

知识扩展

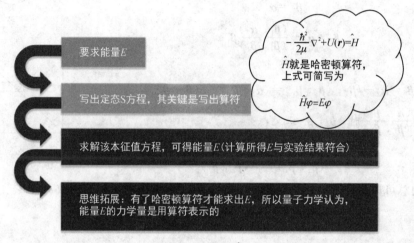

要求能量 E

写出定态 S 方程，其关键是写出算符

$$-\frac{\hbar^2}{2\mu}\nabla^2+U(\boldsymbol{r})=\hat{H}$$

$\hat{H}$ 就是哈密顿算符，上式可简写为

$$\hat{H}\varphi=E\varphi$$

求解该本征值方程，可得能量 E（计算所得 E 与实验结果符合）

思维拓展：有了哈密顿算符才能求出 E，所以量子力学认为，能量 E 的力学量是用算符表示的

　　依据以上引例，我们提出一个观点：如果算符 $\hat{F}$ 表示力学量 F，那么当体系处于 $\hat{F}$ 的本征态时，力学量 F 有确定值，这个值就是 $\hat{F}$ 在 ϕ 态中的本征值。该假定可以理解为：量子力学中微观粒子的力学量可通过算符构建的本征值方程求解获得。从这个意义上讲，量子力学中微观粒子的力学量由算符表示。

　　当然，这个假定的正确性，如同薛定谔方程一样，该结果与实验结果相符合。

2. 力学量算符的写出规则

　　既然量子力学中所有力学量都是由算符表示的，那么写出算符就是量子力学的重要而基本的任务。

　　表示坐标的算符就是坐标自身，即

$$\hat{\boldsymbol{r}} = \boldsymbol{r} \tag{3-18}$$

　　引入动量算符的符号 $\hat{\boldsymbol{p}}$：

$$\hat{\boldsymbol{p}} = -\mathrm{i}\hbar\,\boldsymbol{\nabla} \tag{3-19}$$

它在直角笛卡儿坐标中的三个分量是

$$\hat{p}_x = -\mathrm{i}\hbar\,\frac{\partial}{\partial x},\ \hat{p}_y = -\mathrm{i}\hbar\,\frac{\partial}{\partial y},\ \hat{p}_z = -\mathrm{i}\hbar\,\frac{\partial}{\partial z}$$

我们把动量和动量算符的对应关系说成是：**动量算符表示动量这个力学量。**

　　在第一章中，我们看到体系的能量和哈密顿算符相对应。

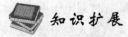

知识扩展

　　在量子力学中，哈密顿算符为一个可观测量，对应于系统的总能量。一如其他所有算

符，哈密顿算符的谱为测量系统总能量时所有可能结果的集合。如果态空间是有限空间，那么该哈密顿算符自然也是有界算符；如果态空间是无限空间，该哈密顿算符则通常无界，所以它并未定义于整个空间。

引入哈密顿算符的符号 $\hat{H}$：

$$\hat{H} = -\frac{\hbar^2}{2\mu}\nabla^2 + U(\boldsymbol{r}) \tag{3-20}$$

我们知道，哈密顿算符 $\hat{H}$ 是在哈密顿函数中将动量 $\boldsymbol{p}$ 换成动量算符 $\hat{p}$ 而得出的。这反映了从力学量的经典表示式得出量子力学中表示该力学量的算符的规则，即**如果量子力学中的力学量 F 在经典力学中有相应的力学量，则表示这个力学量的算符 $\hat{F}$ 由经典表示式 $F(\boldsymbol{r}, \boldsymbol{p})$ 中将 $\boldsymbol{p}$ 换为算符 $\hat{p}$ 而得出**，即

$$\hat{F} = \hat{F}(\hat{r}, \hat{p}) = \hat{F}(\boldsymbol{r}, -\mathrm{i}\hbar\nabla) \tag{3-21}$$

例如，在经典力学中，动量为 $\boldsymbol{p}$、对 O 点的位置矢量为 $\boldsymbol{r}$ 的粒子，它绕 O 点的角动量是

$$\boldsymbol{L} = \boldsymbol{r} \times \boldsymbol{p}$$

因而，量子力学中，角动量算符是

$$\hat{\boldsymbol{L}} = \hat{r} \times \hat{p} = -\mathrm{i}\hbar\, \boldsymbol{r} \times \nabla \tag{3-22}$$

至于那些只在量子力学中才有，而在经典力学中没有的力学量（例如自旋问题），它们的算符如何引进的问题将另行讨论。

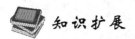 **知识扩展**

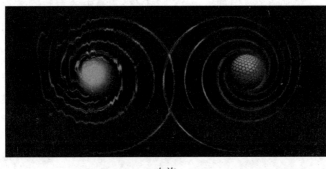

在量子力学中，自旋(Spin)是粒子所具有的内禀性质，其运算规则类似于经典力学的角动量，并因此产生一个磁场，见右图。

自旋

在量子力学中，力学量算符书写规则的正确性，也如同薛定谔方程一样，由理论与实验结果相符而得到验证。

3. 力学量与算符关系的假定

我们再次回到算符和它所表示的力学量之间的关系问题上，本小节第一部分只说明当体系处于算符 $\hat{F}$ 的本征态 ϕ 时，算符所表示的力学量有确定的数值，这个数值是算符在 ϕ 态中的本征值。如果体系不处于 $\hat{F}$ 的本征态，而处于任意一个态 ψ（例如，电子衍射实验中，未到这一时刻，一切状态皆有可能的总集合状态），则此时算符 $\hat{F}$ 所表示的力学量没有确定值，有多种可能数值。那么各种状态出现的概率情况如何？

注意到，由于力学量的本征值都是实数，故量子力学算符都是厄米算符。我们知道，厄

米算符的本征函数具有正交归一性。同时，在量子力学中，厄米算符的本征函数还具有完备性（这点的证明非常复杂，但结论毋庸置疑）。那么，如果 $\hat{F}$ 是满足一定条件的厄米算符，它的正交本征函数是 $\phi_n(x)$，对应的本征值是 λ_n，则任一函数 $\psi(x)$ 可以按 $\phi_n(x)$ 展开为级数，即

$$\psi(x) = \sum_n c_n \phi_n(x) \tag{3-23}$$

式中，c_n 与 x 无关。式（3-23）中的系数 c_n 可以由 $\psi(x)$ 和 $\phi_n(x)$ 求得。以 $\phi_m^*(x)$ 乘以式（3-23）两边，对 x 的整个区域积分，并由 $\phi_n(x)$ 的正交归一性，有

$$\int \phi_m^*(x)\psi(x)\mathrm{d}x = \sum_n c_n \int \phi_m^*(x)\phi_n(x)\mathrm{d}x = \sum_n c_n \delta_{mn} = c_m$$

即

$$c_n = \int \phi_n^*(x)\psi(x)\mathrm{d}x \tag{3-24}$$

我们假定量子力学中表示力学量的厄米算符的本征函数组成了完全系，以 $\psi(x)$ 表示体系的状态波函数，则 $\psi(x)$ 可以用式（3-23）按算符 $\hat{F}$ 的全部本征函数展开。设 $\psi(x)$ 已归一化，用 $\phi_n(x)$ 的正交归一性，可以得出 c_n 的绝对值平方之和等于 1，即

$$\begin{aligned}
1 &= \int \psi^*(x)\psi(x)\mathrm{d}x = \sum_{mn} c_m^* c_n \int \phi_m^*(x)\phi_n(x)\mathrm{d}x \\
&= \sum_{mn} c_m^* c_n \delta_{mn} \\
&= \sum_n |c_n|^2
\end{aligned} \tag{3-25}$$

如果 $\psi(x)$ 是算符 $\hat{F}$ 的某一本征函数，例如 $\phi_i(x)$，则式（3-23）中的系数除 $c_i = 1$ 外，其余都等于零。此时，测量力学量 F，必定得到 $F = \lambda_i$ 的结果，有这个特例和式（3-23），我们可以看到 $|c_n|^2$ 具有概率的意义，它表示在 $\psi(x)$ 态中测量力学量 F 得到的结果是 $\hat{F}$ 的本征值 λ_n 的概率。由于这个原因，c_n 常被称为概率振幅。式（3-25）说明总的概率等于 1。

归纳上面的讨论，我们引进量子力学中关于力学量与算符关系的一个基本假定：量子力学中表示力学量的算符都是厄米算符，它们的本征函数组成完全系。当体系处于波函数式（3-23）所描述的状态时，测量力学量 F 所得的数值，必定是算符 $\hat{F}$ 的本征值之一，测得 λ_n 的概率是 $|c_n|^2$。

这个假定的正确性，如同薛定谔方程一样，由整个理论与实验结果相符而得到验证。根据这个假定，力学量在一般的状态中没有确定的数值，而有一系列的可能值，这些可能值就是表示这个力学量算符的本征值。每个可能值都以确定的概率出现。

按照概率求平均值的法则，可以求得力学量 F 在 ψ 态中的平均值是

$$\overline{F} = \sum_n \lambda_n |c_n|^2 \tag{3-26}$$

式（3-26）可以改写为

$$\overline{F} = \int \psi^*(x)\hat{F}\psi(x)\mathrm{d}x \tag{3-27}$$

式（3-26）和式（3-27）相等可以用式（3-23）及 $\phi_n(x)$ 的正交归一性质来证明，即

$$\int \psi^* (x) \hat{F} \psi(x) \mathrm{d}x = \sum_{mn} c_m^* c_n \int \phi_m^* (x) \hat{F} \phi_n(x) \mathrm{d}x$$

$$= \sum_{mn} c_m^* c_n \lambda_n \int \phi_m^* (x) \phi_n(x) \mathrm{d}x$$

$$= \sum_{mn} c_m^* c_n \lambda_n \delta_{mn} = \sum_n \lambda_n \mid c_n \mid^2$$

式(3-27)是求力学量平均值的一般公式，用它可以直接从表示力学量的算符和体系所处的状态中得出力学量在这个状态中的平均值。在这个公式中，$\psi(x)$ 是归一化的波函数公式。对于没有归一化的波函数，乘以归一化因子后，式(3-27)改写为

$$\overline{F} = \frac{\int \psi^* (x) \hat{F} \psi(x) \mathrm{d}x}{\int \psi^* (x) \psi(x) \mathrm{d}x} \tag{3-28}$$

3.2　算符对易关系与测不准原理

3.2.1　算符对易关系

现在我们转到算符间的关系及其物理意义的问题上来。先讨论坐标算符 $\hat{x}$ 和动量算符 $\hat{p}_x$。$\hat{p}_x$ 是个微分算符，$\hat{x}$ 对波函数的作用是相乘，如果把两个算符作用于同一波函数，则所得结果决定于这两个算符作用的顺序，即对于任一波函数 $\psi(x)$（这里简写为 ψ），有

$$\hat{x} \hat{p}_x \psi = \frac{\hbar}{\mathrm{i}} x \frac{\partial \psi}{\partial x}$$

$$\hat{p}_x \hat{x} \psi = \frac{\hbar}{\mathrm{i}} \frac{\partial}{\partial x} (x\psi) = \frac{\hbar}{\mathrm{i}} x \frac{\partial \psi}{\partial x} + \frac{\hbar}{\mathrm{i}} \psi$$

这两个结果并不相同，且

$$\hat{x} \hat{p}_x \psi - \hat{p}_x \hat{x} \psi = \mathrm{i} \hbar \psi \tag{3-29}$$

由于 ψ 是任一波函数，我们把式(3-29)写为

$$[\hat{x}, \hat{p}_x] \equiv \hat{x} \hat{p}_x - \hat{p}_x \hat{x} = \mathrm{i} \hbar \tag{3-30}$$

式(3-30)称为 $\hat{x}$ 和 $\hat{p}_x$ 的对易关系；等式的右边不等于零，我们说 $\hat{x}$ 和 $\hat{p}_x$ 是不对易的。

同样的讨论可以得到

$$\left. \begin{array}{l} [\hat{y}, \hat{p}_y] = \hat{y} \hat{p}_y - \hat{p}_y \hat{y} = \mathrm{i} \hbar \\ [\hat{z}, \hat{p}_z] = \hat{z} \hat{p}_z - \hat{p}_z \hat{z} = \mathrm{i} \hbar \end{array} \right\} \tag{3-31}$$

以及

$$\left. \begin{array}{l} [\hat{x}, \hat{p}_y] = \hat{x} \hat{p}_y - \hat{p}_y \hat{x} = 0 \\ [\hat{x}, \hat{p}_z] = \hat{x} \hat{p}_z - \hat{p}_z \hat{x} = 0 \\ [\hat{p}_x, \hat{p}_y] = \hat{p}_x \hat{p}_y - \hat{p}_y \hat{p}_x = 0 \end{array} \right\} \tag{3-32}$$

式(3-32)的右边都是零，我们称 $\hat{x}$ 和 $\hat{p}_y$、$\hat{x}$ 和 $\hat{p}_z$、$\hat{p}_x$ 和 $\hat{p}_y$ 分别是对易的。

式(3-30)~式(3-32)说明，动量算符分量和它所对应的坐标算符(如$\hat{p}_x$和$\hat{x}$、$\hat{p}_y$和$\hat{y}$、$\hat{p}_z$和$\hat{z}$)是不对易的，而和它不对应的坐标算符(如$\hat{p}_y$和$\hat{x}$、$\hat{p}_z$和$\hat{x}$等)是对易的，动量算符各分量之间也是对易的。

力学量都是坐标和动量的函数，知道了坐标算符和动量算符之间的对易关系后，就可以得出其他力学量算符之间的对易关系。

3.2.2　测不准原理

上面我们讨论了算符间的对易关系。我们看到，这类关系可以分为两种：一种是相互对易的，另一种是不对易的。现在再进一步分析算符间这两种对易关系的含义，尤其是两个算符不对易的情况。

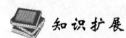 **知识扩展**

这里需要介绍一个不等式——柯西-施瓦茨不等式，该不等式在众多背景下都有应用，例如线性代数、数学分析、概率论、向量代数以及其他许多领域。它被认为是数学中最重要的不等式之一。

对欧几里得空间 R_n 有

$$\left(\sum_{i=1}^{n} x_i y_i\right)^2 \leqslant \left(\sum_{i=1}^{n} x_i^2\right)\left(\sum_{i=1}^{n} y_i^2\right)$$

对平方可积的复值函数，有

$$\left|\int f(x) \cdot g(x)\mathrm{d}x\right|^2 \leqslant \int |f(x)|^2 \mathrm{d}x \cdot \int |g(x)|^2 \mathrm{d}x$$

从上面的讨论可知，当两个算符$\hat{F}$和$\hat{G}$不对易时，它们不能同时有确定值。现在我们直接从对易关系来肯定这一结论，并估计在同一 ψ 中，两个不对易算符$\hat{F}$和$\hat{G}$的不确定程度之间的关系。

设$\hat{F}$和$\hat{G}$的对易关系为

$$\hat{F}\hat{G}-\hat{G}\hat{F}=\mathrm{i}\hat{k} \tag{3-33}$$

$\hat{k}$ 是一个算符或普通的数。以 $\overline{F}$、$\overline{G}$ 和 $\overline{k}$ 依次表示$\hat{F}$、$\hat{G}$和$\hat{k}$在 ψ 中的平均值。令

$$\Delta\hat{F} = \hat{F}-\overline{F}, \ \Delta\hat{G} = \hat{G}-\overline{G} \tag{3-34}$$

考虑积分

$$I(\xi) = \int |(\xi\Delta\hat{F}-\mathrm{i}\Delta\hat{G})\psi|^2 \mathrm{d}\tau \geqslant 0 \tag{3-35}$$

式中，ξ是实参数；积分区域是变量变化的整个空间。因被积函数是绝对值的平方，所以积分 $I(\xi)$ 恒不小于零，将积分中的平方项展开，得到

$$I(\xi) = \int (\xi\Delta\hat{F}\psi - \mathrm{i}\Delta\hat{G}\psi)[\xi(\Delta\hat{F}\psi)^* + \mathrm{i}(\Delta\hat{G}\psi)^*]\mathrm{d}\tau$$

$$= \xi^2\int (\Delta\hat{F}\psi)(\Delta\hat{F}\psi)^* \mathrm{d}\tau - \mathrm{i}\xi\int [(\Delta\hat{G}\psi)(\Delta\hat{F}\psi)^* - (\Delta\hat{F}\psi)(\Delta\hat{G}\psi)^*]\mathrm{d}\tau$$

$$+ \int (\Delta\hat{G}\psi)(\Delta\hat{G}\psi)^* \mathrm{d}\tau$$

注意到，$\Delta\hat{F}$和$\Delta\hat{G}$都是厄米算符。利用厄米算符的定义，得到

$$I(\xi) = \xi^2 \int \psi^* (\Delta \hat{F})^2 \psi \mathrm{d}\tau - \mathrm{i}\xi \int \psi^* (\Delta \hat{F} \Delta \hat{G} - \Delta \hat{G} \Delta \hat{F}) \psi \mathrm{d}\tau + \int \psi^* (\Delta \hat{G})^2 \psi \mathrm{d}\tau$$

因为

$$\Delta \hat{F} \Delta \hat{G} - \Delta \hat{G} \Delta \hat{F} = (\hat{F} - \overline{F})(\hat{G} - \overline{G}) - (\hat{G} - \overline{G})(\hat{F} - \overline{F})$$
$$= \hat{F}\hat{G} - \hat{G}\hat{F} = \mathrm{i}\hat{k}$$

于是，式(3-35)最后写为

$$I(\xi) = \overline{(\Delta \hat{F})^2} \xi^2 + \overline{k}\xi + \overline{(\Delta \hat{G})^2} \geqslant 0$$

由代数中二次项理论可知，这个不等式成立的条件是系数必须满足下列关系：

$$\overline{(\Delta \hat{F})^2} \cdot \overline{(\Delta \hat{G})^2} \geqslant \frac{\overline{k}^2}{4} \tag{3-36}$$

如果 $\overline{k}$ 不为零，则 $\hat{F}$ 和 $\hat{G}$ 的均方偏差不会同时为零，它们的乘积要大于一正数。式(3-35)称为**测不准关系**。

把此关系应用于坐标算符和动量算符中，因为

$$\hat{x}\hat{p}_x - \hat{p}_x\hat{x} = \mathrm{i}\hbar$$

且 $\overline{k} = \hbar$ ，于是有

$$\overline{(\Delta \hat{x})^2} \cdot \overline{(\Delta \hat{p}_x)^2} \geqslant \frac{\hbar^2}{4} \tag{3-37}$$

这是坐标算符和动量算符的测不准关系。$(\Delta \hat{x})^2$ 和 $(\Delta \hat{p}_x)^2$ 不能同时为零，坐标算符 $\hat{x}$ 的均方偏差愈小，则与它共轭的动量算符 $\hat{p}_x$ 的均方偏差愈大。测不准关系是量子力学中的基本关系，它反映了微观粒子的波粒二象性，利用该原理可从理论上解释 1.2.1 节的实验现象。

 知识扩展

海森堡

　　测不准关系，也叫作不确定性原理（Uncertainty Principle），是由海森堡于 1927 年提出的。这个理论是说，你不可能同时知道一个粒子的位置和它的速度，粒子位置的不确定性，必然大于或等于普朗克常数（Planck Constant）除于 4π（$\Delta x \Delta p \geqslant h/4\pi$），这表明微观世界的粒子行为与宏观物质很不一样。

　　海森堡认为，根据测不准关系，准确知道某一电子垂直于路径方向的位置，意味着不能准确知道该电子垂直于路径方向的动量，从而造成屏上干涉条纹的消失。

爱因斯坦

　　不过，一些科学家无法接受海森堡提出的"不确定性原理"。其真正原因并不是人们缺乏相关知识而无法理解，而是这个物理法则体现出的思想不能被一些宇宙物理学家接受。比如，对"不确定性原理"持有较大异议的爱因斯坦，他认为"不确定性原理"不可能成为宇宙物理的基本法则之一，并与另外两名科学家提出了著名的 EPR 悖论，认为依据"不确定性原理"对相隔遥远的两个粒子系统进行测量将导致超光速现象出现。

3.3　表 象 理 论

3.3.1　表象理论的数学基础

1.基本概念

定义　n 维向量是 n 个数排成的数组：$\boldsymbol{\alpha}=(\alpha_1, \alpha_2, \cdots, \alpha_n)$，这 n 个数 $\alpha_1, \alpha_2, \cdots, \alpha_n$ 叫做向量的分量，它们是按规定的顺序排列的，可为实数或虚数。

定义　欧氏向量空间是这样的向量空间，其向量的分量是实数，且任意两个向量的内积 $\langle\boldsymbol{\alpha}|\boldsymbol{\beta}\rangle=\alpha_1\beta_1+\alpha_2\beta_2+\cdots+\alpha_n\beta_n$ 也是实数，它是对称的（$\langle\boldsymbol{\alpha}|\boldsymbol{\beta}\rangle=\langle\boldsymbol{\beta}|\boldsymbol{\alpha}\rangle$）、双线性的（$\langle(\boldsymbol{\alpha}+\boldsymbol{\beta})|\boldsymbol{\gamma}\rangle=\langle\boldsymbol{\alpha}|\boldsymbol{\gamma}\rangle+\langle\boldsymbol{\beta}|\boldsymbol{\gamma}\rangle$）、正值的（$\langle\boldsymbol{\alpha}|\boldsymbol{\alpha}\rangle\geqslant0$）。

定义　厄米向量空间是这样的空间，其向量的分量可为复数，且任意两个向量可有复数内积 $\langle\boldsymbol{\alpha}|\boldsymbol{\beta}\rangle=\alpha_1^*\beta_1+\alpha_2^*\beta_2+\cdots+\alpha_n^*\beta_n$，它是厄米的（$\langle\boldsymbol{\alpha}|\boldsymbol{\beta}\rangle=\langle\boldsymbol{\beta}|\boldsymbol{\alpha}\rangle^*$）、双线性的（$\langle(\boldsymbol{\alpha}+\boldsymbol{\beta})|\boldsymbol{\gamma}\rangle=\langle\boldsymbol{\alpha}|\boldsymbol{\gamma}\rangle+\langle\boldsymbol{\beta}|\boldsymbol{\gamma}\rangle$）、正值的（$\langle\boldsymbol{\alpha}|\boldsymbol{\alpha}\rangle\geqslant0$）。

下面做两个比较。首先，比较这里的内积含义

$$\langle\boldsymbol{\alpha}\mid\boldsymbol{\beta}\rangle=\sum_i\alpha_i^*\beta_i \tag{3-38}$$

和第二章里函数内积定义 $\langle f|g\rangle=\int f^*(x)g(x)\mathrm{d}x$，其差别在于向量内积定义是不连续指标求和，而函数内积则是对连续变量的积分。

其次，应看到欧氏向量空间和厄米向量空间的区别：欧氏向量空间中内积是实对称的；厄米向量空间中内积是复厄米的。

定义　若两个向量的内积为零，则两个向量正交。此定义与函数正交性的定义是严格平行的；同样与已讲过的函数的有关内容类比，向量的范数定义为

$$N(\boldsymbol{\alpha})=\langle\boldsymbol{\alpha}|\boldsymbol{\alpha}\rangle=|\boldsymbol{\alpha}|^2$$

以上最后的两个定义同样表明向量空间代数与函数微积分的平行关系。

定义　若一向量的范数为 1，则称该向量是归一化的。

定义　若向量组中每一向量均是归一的，且任一向量与其他向量均正交，则该向量组是正交归一向量组。

建立了对函数和向量都能应用的内积的范数和定义后，我们就可以把函数已深入研究过的那些结论应用于向量。先考虑向量组，其结果在很大程度上与早先研究的函数族的结果平行。向量空间也有与函数族完备性类似的概念。

定义　若向量空间的任意向量都能用向量组 $\{\boldsymbol{\alpha}^i\}$ 的线性组合表示，则该向量空间为向量组 $\{\boldsymbol{\alpha}^i\}$ 张成。

三维欧氏向量空间（3D空间）能够很容易地将此定义用图表示出来。例如，向量 $(1, 0, 0)$，$(0, 1, 0)$，$(0, 0, 1)$ 张成 3D 空间。这些向量正是三个坐标方向上的单位向量，任何向量都可用这三个向量的线性组合表示，这是大家熟悉的事实。这个定义促使我们对维的概念做出更严格的解释。

知识扩展

多维空间示意图

数学、物理等学科中引进的多维空间的概念，是在三维空间的基础上所做的科学抽象。例如一条时间轴可以连接无数个 3 维空间，因此可以认为我们生活在 3＋1 维时空（4 维空间）中。在平行宇宙理论中，由于存在着无数多个 3 维宇宙，这些宇宙并不能通过长、宽、高或者时间进行相连，只能通过另外一条维度进行连接，因此平行宇宙本身至少就是一个 4＋1 维时空（5 维空间）。

在弦理论中，研究人员认为各种基本粒子都是由很小很小的线状弦组成的。在众多现象难以用理论解释的情况下，爱德华·维顿提出了 11 维空间的概念。

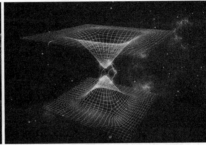

脑洞大开的多维空间与11维空间示意图

定义　向量空间的维是张成该向量空间所需要向量的最小数目。

在上例中，任意两个向量都不足以张成 3D 空间，但任意四个向量，如 $(1, 0, 0)$，$(0, 1, 0)$，$(0, 0, 1)$，$(1, 1, 1)$，对于张成 3D 空间来说又是多余的。向量组 $(1, 0, 0)$，$(0, 1, 0)$，$(1, 1, 0)$ 虽然数目是 3，但也不能张成 3D 空间。希望读者能从此例中看出原因，得到如下定义。

定义　向量空间的基是可张成向量空间的某些线性无关的向量组，向量空间的正交归一基是可张成该空间的某些正交归一向量组。

将此定义与由线性无关函数组构造正交归一函数组的过程（施密特正交化）联系起来，施密特正交化可不加修正地用于向量。若用 $\{a^i\}$ 表示线性无关向量组，$\{\phi^i\}$ 表示正交归一向量组，则可得如下公式：

$$\phi^k = N_k^{-\frac{1}{2}} \left(a^k - \sum_{i=0}^{k-1} \langle \phi^i \mid a^k \rangle \phi^i \right) \tag{3-39}$$

$$N_k = \langle a_k \mid a_k \rangle - \sum_{i=0}^{k-1} |\langle \phi^i \mid a^k \rangle|^2 \tag{3-40}$$

由于向量几乎在所有位置都与正交归一函数平行，故无疑全部代数"机器"都可用于向量展成正交归一向量组。因此，可按下列公式将任一向量 ξ 展成向量组 $\{\phi^i\}$，即

$$\xi = \sum_i c_i \phi^i \tag{3-41}$$

其展开系数(可能是复数)为

$$c_i = \langle \boldsymbol{\phi}_i \mid \boldsymbol{\xi} \rangle \tag{3-42}$$

式(3-42)也可从第二章内积的展开定理中得来,即

$$\langle \boldsymbol{\phi} \mid \boldsymbol{\eta} \rangle = \sum_i \langle \boldsymbol{\xi} \mid \boldsymbol{\phi}^i \rangle \langle \boldsymbol{\phi}^i \mid \boldsymbol{\eta} \rangle \tag{3-43}$$

式中,$\{\boldsymbol{\phi}^i\}$是正交归一向量组。

综上所述,本节基本概念理解的重点应放在向量结果与函数结果的类比上。此外,还要知道,本小节内容是今后理解正交归一完备函数族构成希尔伯特空间的数学基础。

2. 线性变换

在第二章定义函数时,我们强调在某特定区间给定一独立变量值就有一函数值。变换就是这个概念的推广。

定义 设存在 n 个独立变量 x_i,$i = 1, 2, \cdots, n$,每个变量都分别定义在特定的区间内,诸如 $a_1 \leqslant x_1 \leqslant b_1$,$a_2 \leqslant x_2 \leqslant b_2$,$\cdots$。若存在 m 个因变量 y_i,每个因变量都是独立变量 x_i 的单值函数,我们就说存在一个将 n 维空间(n 空间)中的一域变到 m 维空间(或 m 空间)中的变换,记作 $y_i = \boldsymbol{T}(x_i)$,它表示一组 y_i 值在 $\boldsymbol{T}$ 变换下是一组 x_i 值的象。我们用大写字母表示变换。

定义 变换 $\boldsymbol{A}$ 是线性的,当且仅当

(1) $\boldsymbol{A}(x_i + x_j) = \boldsymbol{A}(x_i) + \boldsymbol{A}(x_j)$;

(2) $\boldsymbol{A}(cx_i) = c\boldsymbol{A}(x_i)$。

式中,c 是标量。

这个定义包含着线性变换的两个方面,并暗示出线性变换的形式必须是

$$\begin{matrix} a_{11}x_1 & + & a_{12}x_2 & + & \cdots & + & a_{1n}x_n & = & y_1 \\ \vdots & & \vdots & & & & \vdots & & \vdots \\ a_{m1}x_1 & + & a_{m2}x_2 & + & \cdots & + & a_{mn}x_n & = & y_m \end{matrix} \tag{3-44}$$

用矩阵语言可写为

$$\boldsymbol{A}\boldsymbol{X} = \boldsymbol{Y} \tag{3-45}$$

式中,$\boldsymbol{A}$ 是 $m \times n$ 矩阵,$\boldsymbol{X}$ 是 $n \times 1$ 矩阵,$\boldsymbol{Y}$ 是 $m \times 1$ 矩阵。

量子力学中很重视函数或向量的正交性和归一性,因此我们特别注重保存这些性质的变换。在欧式向量空间中这类变换称为正交变换,在厄米向量空间中这类变换称为酉变换。

定义 正交变换保存欧式向量空间中向量的长度(归一性)和正交性;酉变换保存厄米向量空间中向量的正交性和归一性。

下面,从酉变换矩阵元之间的关系进一步解释该定义。设有一完备的正交归一向量组 $\{\boldsymbol{\phi}^i\}$。我们知道,任意向量 $\boldsymbol{\alpha}$ 可由向量组 $\{\boldsymbol{\phi}^i\}$ 按下式展开:

$$\boldsymbol{\alpha} = \sum_i a_i \boldsymbol{\phi}^i \tag{3-46}$$

设 $\boldsymbol{\alpha}$ 是第二个完备正交归一组 $\{\boldsymbol{\psi}^i\}$ 的成员($\boldsymbol{\alpha} = \boldsymbol{\psi}^i$),因此,

$$\boldsymbol{\psi}^j = \sum_i a_{ji} \boldsymbol{\phi}^i \tag{3-47}$$

在方程(3-46)中,系数 a_i 加上第二个指标 j 可以表明它是向量组 $\{\psi^j\}$ 中的哪个向量。同理,逆展开也是可以的,即

$$\phi^j = \sum_k b_{ik} \psi^k \tag{3-48}$$

合并式(3-47)和式(3-48),得出

$$\psi^j = \sum_i a_{ji} \phi^i = \sum_i a_{ji} \sum_k b_{ik} \psi^k = \sum_k \left(\sum_i a_{ji} b_{ik} \right) \psi^k \tag{3-49}$$

因为 ψ^j 是线性无关的,所以当 $j=k$, $\sum_i a_{jk} b_{ik} = 1$ 时和当 $j \neq k$, $\sum_i a_{ji} b_{ik} = 0$ 时上式才成立。因此得出

$$\sum_i a_{ji} b_{ik} = \delta_{jk} \tag{3-50}$$

若不用展开系数语言而用矩阵语言表述,则可得

$$AB = E \tag{3-51}$$

或

$$A = B^{-1} \tag{3-52}$$

因由基组 $\{\phi\}$ 到基组 $\{\psi\}$ 的变换必须用其行列式不为零的方阵表示,故而应存在逆变换。因此,将逆变换与向量的逆展开联系起来是合理的。

目前,我们还未涉及在变换中保存向量的正交归一性的问题,方程(3-52)是在要求保存完备性的条件下得出的。ψ^j 的正交归一性在厄米向量空间中有下列关系:

$$\langle \psi^i \mid \psi^j \rangle = \sum_k \sum_l \langle \phi^k b_{ik} \mid \phi^l b_{jl} \rangle = \sum_{kl} \langle \phi^k \mid \phi^l \rangle b_{ik} b_{jl}$$
$$= \sum_{kl} \delta_{kl} b_{ik} b_{jl} = \sum_k b_{ik} b_{jk} \tag{3-53}$$

因为式(3-53)左边正交归一为 δ_{ij},要使式(3-53)成立,b_{jk} 应等于其转置的复共轭 b_{kj}^*,因而可导出

$$\delta_{ij} = \sum_k b_{ik} b_{kj}^* \tag{3-54}$$

$$BB^\dagger = E \tag{3-55}$$

或

$$B^{-1} = B^\dagger \tag{3-56}$$

式(3-56)表明,变换中保存了向量的正交归一性,变换矩阵为酉矩阵形式。因此,称此类变换称为**酉变换**,又叫作**幺正变换**。

3. 线性算符

本部分在应用向量空间代数于量子力学方面,将迈进更重要的一步。

定义　算符是定义在某向量空间中一向量变为另一向量的一组指令,用 $\mathfrak{A}\xi = \eta$ 来体现算符 $\mathfrak{A}$ 指令作用于向量 ξ 形成一新向量 η。这里,用草体字来表示算符。

我们讨论下算符的定义和变换的定义之间有何区别?经最终讨论分析,我们可以说它们没有区别。算符一词在量子力学中常用于表示特定物理量,而变换一词则用于表示坐标系的改变。无论如何,它们的定义在形式上是相同的,而且线性算符的定义和线性变换的

定义也是相似的。

定义 线性算符服从下列方程：

(1) $\mathfrak{A}(c\boldsymbol{\xi}) = c\mathfrak{A}\boldsymbol{\xi}$，式中 c 是常数（也可能是复数）；

(2) $\mathfrak{A}(\boldsymbol{\xi} + \boldsymbol{\eta}) = \mathfrak{A}\boldsymbol{\xi} + \mathfrak{A}\boldsymbol{\eta}$，式中 $\boldsymbol{\xi}$ 和 $\boldsymbol{\eta}$ 都是向量。

算符表示"一组指令"这一定义并未给出表示算符的方式，那么怎样表示线性算符呢？算符 $\mathfrak{A}$ 作用于任一向量的结果可从算符 $\mathfrak{A}$ 作用于基向量的结果求出。例如，已知

$$\mathfrak{A}\boldsymbol{\phi}^i = \sum_j A_{ij}\boldsymbol{\phi}^j$$

式中，向量组 $\boldsymbol{\phi}^i$ 是所讨论的向量空间中的一组完备正交归一基向量组。任一向量都可展成包含 $\boldsymbol{\phi}^i$ 的形式，即

$$\boldsymbol{\xi} = \sum_i c_i \boldsymbol{\phi}^i, \quad \boldsymbol{\eta} = \sum_j d_j \boldsymbol{\phi}^j$$

我们再用算符定义 $\mathfrak{A}\boldsymbol{\xi} = \boldsymbol{\eta}$，将数 c_i 和 d_j 联系起来，有

$$\mathfrak{A}\boldsymbol{\xi} = \mathfrak{A}\sum_i c_i \boldsymbol{\phi}^i = \sum_{ij} c_i A_{ij}\boldsymbol{\phi}^j = \boldsymbol{\eta} = \sum_j d_j \boldsymbol{\phi}^j \tag{3-57}$$

比较可得

$$d_j = \sum_i c_i A_{ij} \tag{3-58}$$

现在只需揭示出数 $\langle A_{ij}\rangle$ 的含义就知道算符 $\mathfrak{A}$ 的形式了。若基向量 $\langle\boldsymbol{\phi}\rangle$ 是正交归一的，那么就容易得到

$$\langle \boldsymbol{\phi}^i \mid \mathfrak{A}\boldsymbol{\phi}^j \rangle = \sum_k \langle \boldsymbol{\phi}^i \mid A_{ik}\boldsymbol{\phi}^k \rangle = \sum_k A_{ik}\langle \boldsymbol{\phi}^i \mid \boldsymbol{\phi}^k \rangle = A_{ij} \tag{3-59}$$

我们时常见到方程 (3-59) 中 $\langle \boldsymbol{\phi}^i \mid \mathfrak{A}\boldsymbol{\phi}^j \rangle$ 的形式是 $\langle \boldsymbol{\phi}^i \mid \mathfrak{A} \mid \boldsymbol{\phi}^j \rangle$，右边出现的竖线并未增加新的含义，只是提醒注意中心的算符 $\mathfrak{A}$。并且，像 $\langle \boldsymbol{\phi}^i \mid \mathfrak{A} \mid \boldsymbol{\phi}^j \rangle$ 的内积常称为矩阵元。

将系数 A_{ij} 代之以通常的矩阵元 $a_{ji} = \langle \boldsymbol{\phi}^j \mid \mathfrak{A} \mid \boldsymbol{\phi}^i \rangle$，可得

$$d_j = \sum_i c_i A_{ij} = \sum_i a_{ji} c_i \tag{3-60}$$

若用列矩阵（$n \times 1$ 矩阵）表示向量，$d_j = \sum_i \langle \boldsymbol{\phi}^j \mid \mathfrak{A} \mid \boldsymbol{\phi}^i \rangle c_i$ 具有的矩阵乘积形式如下

$$\begin{pmatrix} d_1 \\ d_2 \\ \vdots \\ d_n \end{pmatrix} = \begin{pmatrix} \langle \phi^1 \mid \mathfrak{A} \mid \phi' \rangle & \cdots & \langle \phi^1 \mid \mathfrak{A} \mid \phi^n \rangle \\ \langle \phi^2 \mid \mathfrak{A} \mid \phi' \rangle & \cdots & \langle \phi^2 \mid \mathfrak{A} \mid \phi^n \rangle \\ \vdots & & \vdots \\ \langle \phi^n \mid \mathfrak{A} \mid \phi' \rangle & \cdots & \langle \phi^n \mid \mathfrak{A} \mid \phi^n \rangle \end{pmatrix} \begin{pmatrix} c_1 \\ c_2 \\ \vdots \\ c_n \end{pmatrix} \tag{3-61}$$

同时，内积也可由用矩阵符号表示的两个向量（$1 \times n$ 行矩阵与 $n \times 1$ 列矩阵）形成，它们的乘积自然是 1×1 矩阵或标量，即

$$\langle \boldsymbol{\xi} \mid \boldsymbol{\eta} \rangle = (c_1 \, c_2 \cdots c_n) \begin{pmatrix} d_1 \\ d_2 \\ \cdots \\ d_n \end{pmatrix} = [\ ] \tag{3-62}$$

由于所定矩阵元为 $a_{ji}=\langle\boldsymbol{\phi}^j\,|\,\mathfrak{A}\,|\,\boldsymbol{\phi}^i\rangle$，故所用的矩阵依赖于基组 $\{\boldsymbol{\phi}^i\}$ 的选择。当然，任何基组都可用，故有许多表示 $\mathfrak{A}$ 的矩阵，不同的矩阵表示产生于不同的基。因此，严格地讲，算符 $\mathfrak{A}$ 与其矩阵元为 a_{ij} 的矩阵 A 相同是不正确的。应该说，矩阵表示 $\mathfrak{A}$，或矩阵是算符

$\mathfrak{A}$ 的、以 $\{\boldsymbol{\phi}^i\}$ 为基的表示。同样地，说 $\boldsymbol{\eta}$ 与列向量 $\begin{bmatrix} d_1 \\ d_2 \\ \vdots \\ d_n \end{bmatrix}$ 相同也是不正确的，应该说，此列向量是 $\boldsymbol{\eta}$ 的表示或此列向量表示 $\boldsymbol{\eta}$。

我们还应考察一给定算符的两个矩阵表示之间的关系。令 A^{ϕ} 为 $\mathfrak{A}$ 的以 $\{\boldsymbol{\phi}^i\}$ 为基的表示，A^{ψ} 为 $\mathfrak{A}$ 的以 $\{\boldsymbol{\psi}^i\}$ 为基的表示。矩阵元为 $a_{ij}^{\phi}=\langle\boldsymbol{\phi}^i\,|\,\mathfrak{A}\,|\,\boldsymbol{\phi}^j\rangle$ 和 $a_{ij}^{\psi}=\langle\boldsymbol{\psi}^i\,|\,\mathfrak{A}\,|\,\boldsymbol{\psi}^j\rangle$。又设此二基（正交归一）以酉变换

$$\boldsymbol{\psi}^i=\sum_k u_{ik}\boldsymbol{\phi}^k \tag{3-63}$$

相关联，反过来可得

$$\boldsymbol{\phi}^i=\sum_j u_{ij}^{*\,\prime}\boldsymbol{\psi}^j \tag{3-64}$$

于是，矩阵元 a_{ij}^{ϕ} 与 a_{ij}^{ψ} 之间的关系为

$$a_{ij}^{\psi}=\langle\boldsymbol{\psi}^i\,|\,\mathfrak{A}\,|\,\boldsymbol{\psi}^j\rangle=\sum_k u_{ik}^*\langle\boldsymbol{\phi}^k\,|\,\mathfrak{A}\,|\,\boldsymbol{\psi}^j\rangle=\sum_{ki} u_{ik}^*\langle\boldsymbol{\phi}^k\,|\,\mathfrak{A}\,|\,\boldsymbol{\phi}^i\rangle u_{ji}$$

$$=\sum_{ki}u_{ik}^{\prime\,-1}a_{ki}^{\phi}u_{ij}^{\prime}=(\boldsymbol{U}^{\prime\,-1}\boldsymbol{A}^{\phi}\boldsymbol{U}^{\prime})_{ij} \tag{3-65}$$

结构 $\boldsymbol{A}^{\psi}=\boldsymbol{U}^{\prime\,-1}\boldsymbol{A}^{\phi}\boldsymbol{U}^{\prime}$ 经常出现在代数方程组中。若 $\boldsymbol{A}=\boldsymbol{S}^{-1}\boldsymbol{B}\boldsymbol{S}$，则对 $\boldsymbol{B}$ 进行相似变换可得到 $\boldsymbol{A}$。若 $\boldsymbol{S}$ 是酉矩阵（$\boldsymbol{S}=\boldsymbol{U}^{\prime}$），则该变换称为酉变换。由此，得出下面的定义：

定义 $\mathfrak{A}$ 的以 $\boldsymbol{\psi}$ 为基的矩阵表示可通过对 $\mathfrak{A}$ 的以 $\boldsymbol{\phi}$ 为基的矩阵表示作相似变换得出，这个相似变换就是联系二基变换的转置。

本部分我们建立了线性算符和它们的矩阵表示之间的关系，并给出了算符表象之间变换的规律，这部分知识对于理解本书 3.3.2 节的内容将大有裨益。

4. 本征值问题

本部分讲解线性算符特征值和特征向量的求解问题。并非所有线性算符都服从特征值方程，但从量子力学的观点看，有两类非常重要的算符都服从特征值方程，它们分别是厄米算符和酉算符。

定义 若一特征值满足多于一个特征向量的特征值-特征向量方程，则称该特征值为简并的；特征值相同的特征向量数称为特征值的简并度。

定理 n 维向量空间里的厄米算符有 n 个不同的特征向量和 n 个实特征值。若特征值是非简并的，则特征向量彼此正交，再乘以适合的归一化常数就形成正交归一向量组。即使某些特征向量是简并的，也可由不同的特征向量构造正交归一组。

现在讨论如何求解这些本征值的问题，我们能够从两个观点（久期方程和相似变换）出发来研究解特征值方程的一般形式。

首先从久期方程的角度讨论特征值问题。考虑一矩阵形式的特征值方程

$$\boldsymbol{\vartheta\phi} = q\boldsymbol{\phi} \tag{3-66}$$

此方程是用向量 ϕ 的分量表示的线性方程，即

$$
\begin{array}{ccccccc}
\vartheta_{11}\phi_1 & + & \vartheta_{12}\phi_2 & + & \cdots & + & \vartheta_{1n}\phi_n & = & q\phi_1 \\
\vdots & & \vdots & & & & \vdots & & \vdots \\
\vartheta_{n1}\phi_1 & + & \vartheta_{n2}\phi_2 & + & \cdots & + & \vartheta_{nn}\phi_n & = & q\phi_n
\end{array} \tag{3-67}
$$

将这些方程重新整理一下，可得一组含 n 个未知数 ϕ_i（ϕ 的分量）的齐次联立方程：

$$
\begin{array}{ccccccc}
(\vartheta_{11}-q)\phi_1 & + & \vartheta_{12}\phi_2 & + & \cdots & + & \vartheta_{1n}\phi_n & = 0 \\
\vartheta_{21}\phi_1 & + & (\vartheta_{22}-q)\phi_2 & + & \cdots & + & \vartheta_{2n}\phi_n & = 0 \\
\vdots & & \vdots & & & & \vdots & \vdots \\
\vartheta_{n1}\phi_1 & + & \vartheta_{n2} & + & \cdots & + & (\vartheta_{nn}-q)\phi_n & = 0
\end{array} \tag{3-68}
$$

我们知道，仅当系数行列式等于零时，方程才有非全零解。由此得到的 q 的 n 次方程，称为久期方程，即为

$$
\begin{vmatrix}
\vartheta_{11}-q & \vartheta_{12} & \cdots\vartheta_{1n} \\
\vartheta_{21} & \vartheta_{22}-q & \cdots\vartheta_{2n} \\
\vdots & \vdots & \vdots \\
\vartheta_{n1} & \vartheta_{n2} & \cdots\vartheta_{nn}-q
\end{vmatrix} = 0 \tag{3-69}
$$

若将方程 (3-69) 展开，可得到未知数 q 的 n 次多项式。方程有 n 个根，即为 n 个特征值。对于每个特征值可用方程组 (3-68) 解出特征向量分量 ϕ_i。因此，方程 (3-68) 最终给出 n 个特征向量，对每一特征值有一特征向量。为了完成计算，还需要将特征向量归一化。

概括地讲，解矩阵特征值方程可用下列步骤：

(1) 写出并求解久期方程，得出特征值；

(2) 将特征值代入特征值方程解出特征向量；

(3) 将特征向量归一化。

我们也可以用第二个观点（相似变换）讨论特征值问题。假设我们已知矩阵的特征值和特征向量：

$$
\begin{array}{ccc}
\boldsymbol{\vartheta\phi}^1 & = & q_1\boldsymbol{\phi}^1 \\
\boldsymbol{\vartheta\phi}^2 & = & q_2\boldsymbol{\phi}^2 \\
\vdots & & \vdots \\
\boldsymbol{\vartheta\phi}^n & = & q_n\boldsymbol{\phi}^n
\end{array} \tag{3-70}
$$

可将列向量一列挨一列排起来形成矩阵

$$
\boldsymbol{\Phi} = \begin{pmatrix}
\phi_1^1 & \phi_1^2 & \cdots & \phi_1^n \\
\phi_2^1 & \phi_2^2 & \cdots & \phi_2^n \\
\vdots & \vdots & & \vdots \\
\phi_n^1 & \phi_n^2 & \cdots & \phi_n^n
\end{pmatrix} \tag{3-71}
$$

$\phi_j^i (i=1, 2, \cdots, n)$，形成矩阵 $\boldsymbol{\Phi}$ 的列。$\boldsymbol{\vartheta}$ 对 $\boldsymbol{\Phi}$ 作用产生其列为 $q_i\phi_j^i$ 的矩阵

$$\boldsymbol{\vartheta\Phi} = \begin{pmatrix} q_1\phi_1^1 & \cdots & q_n\phi_1^n \\ q_1\phi_2^1 & \cdots & q_n\phi_2^n \\ \vdots & & \vdots \\ q_1\phi_n^1 & \cdots & q_n\phi_n^n \end{pmatrix} = \begin{pmatrix} \phi_1^1 & \cdots & \phi_1^n \\ \phi_2^1 & \cdots & \phi_2^n \\ \vdots & & \vdots \\ \phi_n^1 & \cdots & \phi_n^n \end{pmatrix}\begin{pmatrix} q_1 & & & \\ & q_2 & & \\ & & \ddots & \\ & & & q_n \end{pmatrix} = \boldsymbol{\Phi}q \qquad (3-72)$$

式中，符号 q 表示其对角元为 n 个特征值，其他矩阵元皆为零的矩阵。方程(3-72)两边皆乘以 $\boldsymbol{\Phi}^{-1}$ 可得

$$\boldsymbol{\Phi}^{-1}\boldsymbol{\vartheta\Phi} = q \qquad (3-73)$$

此式可表述如下：以特征向量为列形成的矩阵对 $\boldsymbol{\vartheta}$ 作相似变换，给出由 $\boldsymbol{\vartheta}$ 特征值形成的对角矩阵。

由此，若能找到将 $\boldsymbol{\vartheta}$ 变换成对角矩阵的方法(矩阵 $\boldsymbol{\vartheta}$ 对角化)，则该相似变换的列是特征向量，对角矩阵的对角元是特征值。这种步骤易为数学计算所用，因而经常是用计算机解特征值问题的基础。正如前面已经证明那样，因向量 ϕ^i 是正交归一的，故变换 $\boldsymbol{\Phi}^{-1}\boldsymbol{\vartheta\Phi}$ 是**酉变换**。

3.3.2　态与力学量的表象

1. 态的表象

具备表象理论的数学基础后，现在来讨论量子力学的表象理论。到现在为止，体系的状态我们都是用坐标(x, y, z)的函数来表示的，也就是说描写状态的波函数是坐标的函数，而力学量则用作用于这种坐标函数的算符来表示。现在我们要说明这种表示方式在量子力学中并不唯一，正如几何学中选用坐标系不唯一一样。

例如，矢量 $\boldsymbol{A}$ 可以在直角笛卡儿坐标中用三个分量(A_x, A_y, A_z)来描写，也可以在球极坐标中用三个分量(A_r, A_θ, A_ϕ)来描写，如图 3-1 所示。

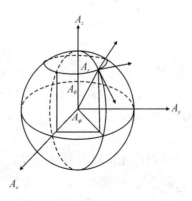

图 3-1　坐标变换示意图

在量子力学中，态和力学量的具体表示方式称为表象。以前所采用的表象是坐标表象，本节我们将讨论其他的表象。

设任一力学量 Q 具有分立的本征值 $Q_1, Q_2, \cdots, Q_n, \cdots$，对应的本征函数是 $u_1(x)$，

$u_2(x)$，…，$u_n(x)$，…。我们知道，量子力学本征函数具有正交性、归一性、完备性，因此，任意波函数 $\Psi(x, t)$ 可按 Q 的本征函数展开，即

$$\Psi(x, t) = \sum_n a_n(t) u_n(x) \tag{3-74}$$

式中，

$$a_n(t) = \int \Psi(x, t) u_n^*(x) \mathrm{d}x \tag{3-75}$$

设 $\Psi(x, t)$ 和 $u_n(x)$ 都是归一化的，那么就有

$$
\begin{aligned}
\int |\Psi(x, t)|^2 \mathrm{d}x &= \sum_{nm} a_m^*(t) a_n(t) \int u_m^*(x) u_n(x) \mathrm{d}x \\
&= \sum_{nm} a_m^*(t) a_n(t) \delta_{nm} \\
&= \sum_n a_m^*(t) a_n(t)
\end{aligned}
$$

因为

$$\int |\Psi(x, t)|^2 \mathrm{d}x = 1$$

所以

$$\sum_n a_m^*(t) a_n(t) = 1 \tag{3-76}$$

由此可知，$|a_n|^2$ 是测量力学量 Q 所得结果为 Q_n 的概率。而数列

$$a_1(t), a_2(t), \cdots, a_n(t), \cdots \tag{3-77}$$

就是 $\Psi(x, t)$ 所描写的态在表象 Q 中的表示。我们可以把式(3-77)写成一列矩阵的形式，并用 Ψ 标记，即

$$\Psi = \begin{pmatrix} a_1(t) \\ a_2(t) \\ \vdots \\ a_n(t) \\ \vdots \end{pmatrix} \tag{3-78}$$

Ψ 的共轭矩阵是一个行矩阵，用 $\Psi^\dagger$ 标记：

$$\Psi^\dagger = (a_1^*(t), a_2^*(t), \cdots, a_n^*(t), \cdots) \tag{3-79}$$

采用这些记号后，式(3-76)可写成

$$\Psi^\dagger \Psi = 1 \tag{3-80}$$

从上面的讨论可知，同一个态可以在不同的表象中用波函数来描写，所取得的表象不同，波函数的形式也不同，但它们描写的是同一个态。在量子力学中，我们可以把状态 Ψ 看成是一个矢量——态矢量。选取一个特定的表象 Q，就相当于选取一个特定的坐标系。坐标只有具有正交、归一、完备的特点，才能构建坐标系空间。Q 的本征函数 $u_1(x)$，$u_2(x)$，…，$u_n(x)$，…是这个表象中的基矢，这相当于坐标系中的单位矢量 i, j, k。波函数 $(a_1(t), a_2(t), \cdots, a_n(t), \cdots)$ 是态矢量 Ψ 在 Q 表象中沿各基矢方向的"分量"，正如点 A 沿

$i，j，k$ 三个方向的分量为 $(A_x，A_y，A_z)$ 一样。$i，j，k$ 是三个相互独立的方向，说明点 A 所在的空间是普通三维空间。

量子力学中 Q 的本征函数 $u_1(x)，u_2(x)，\cdots，u_n(x)，\cdots$ 有无限多个，所以态矢量所在的空间是无限维的函数空间，这种空间在数学中称为希尔伯特空间。常用的表象中除坐标表象、动量表象外，还有能量表象和角动量表象等。

 知识扩展

希尔伯特

希尔伯特空间是以大卫·希尔伯特的名字命名的，冯·诺伊曼在其 1929 年出版的关于无界厄米算子的著作中，最早使用了"希尔伯特空间"这个名词。在数学中，希尔伯特空间是欧几里得空间的一个推广，其不再局限于有限维的情形，而是泛函分析的重要研究对象之一。希尔伯特空间在分析数学的各个领域中有着深厚的根基，也是描述量子物理的基本工具之一。

2. 力学量的表象

上一部分我们讨论了态在各种表象中的表示方式，下面我们讨论算符在各种表象中的表示方式。

设算符 $F(x，\hat{p})$ 作用于函数 $\Psi(x，t)$ 后，得出另一个函数 $\Phi(x，t)$，在坐标表象中记为

$$\Phi(x，t) = F\left(x，\frac{\hbar}{i}\frac{\partial}{\partial x}\right)\Psi(x，t) \qquad (3-81)$$

现在我们来看这个方程在表象 Q 中的表达式。先设 Q 只有分立的本征值 $Q_1，Q_2，\cdots，Q_n，\cdots$，它对应的本征函数是 $u_1(x)，u_2(x)，\cdots，u_n(x)，\cdots$。将 $\Psi(x，t)$ 和 $\Phi(x，t)$ 分别按 $u_n(x)$ 展开可得

$$\Psi(x，t) = \sum_m a_m(t)u_m(x)$$

$$\Phi(x，t) = \sum_m b_m(t)u_m(x)$$

将以上二式代入式(3-81)中，可得

$$\sum_m b_m(t)u_m(x) = F\left(x，\frac{\hbar}{i}\frac{\partial}{\partial x}\right)\sum_m a_m(t)u_m(x)$$

以 $u_n^*(x)$ 乘以上式两边再对 x 积分，积分范围是 x 变化的整个区域，得

$$\sum_m b_m(t)\int u_n^*(x)u_m(x)\mathrm{d}x = \sum_m \int u_n^*(x)F\left(x，\frac{\hbar}{i}\frac{\partial}{\partial x}\right)u_m(x)\mathrm{d}x a_m(t)$$

利用 $u_n(x)$ 的正交归一性：

$$\int u_n^*(x)u_m(x)\mathrm{d}x = \delta_{mn}$$

将上式简化为

$$b_n(t) = \sum_m \int u_n^*(x) F\left(x, \frac{\hbar}{\mathrm{i}} \frac{\partial}{\partial x}\right) u_m(x) \mathrm{d}x a_m(t) \tag{3-82}$$

引进记号：

$$F_{nm} = \int u_n^*(x) F\left(x, \frac{\hbar}{\mathrm{i}} \frac{\partial}{\partial x}\right) u_m(x) \mathrm{d}x \tag{3-83}$$

式(3-82)可写为

$$b_n(t) = \sum_m F_{nm} a_m(t) \tag{3-84}$$

式(3-84)就是式(3-81)在表象 Q 中的表达式。$\{b_n(t)\}$ 和 $\{a_m(t)\}$ 分别是 $\Phi(x,t)$ 和 $\Psi(x,t)$ 在表象 Q 中的表示。F_{nm} 是算符 F 在表象 Q 中的表示，因为 $n=1, 2, \cdots$，所以式 (3-84)是一组方程。这一组方程可以用矩阵的形式写出：

$$\begin{pmatrix} b_1(t) \\ b_2(t) \\ \vdots \\ b_n(t) \\ \vdots \end{pmatrix} = \begin{pmatrix} F_{11} & F_{12}\cdots & F_{1n}\cdots \\ F_{21} & F_{22}\cdots & F_{2n}\cdots \\ \vdots & \vdots & \vdots \\ F_{m1} & F_{m2}\cdots & F_{mn}\cdots \\ \vdots & \vdots & \vdots \end{pmatrix} \begin{pmatrix} a_1(t) \\ a_2(t) \\ \vdots \\ a_m(t) \\ \vdots \end{pmatrix} \tag{3-85}$$

所以算符 F 在表象 Q 中是一个矩阵，它的矩阵元是 F_{nm}。用 $\boldsymbol{F}$ 表示这个矩阵，用 $\boldsymbol{\Phi}$ 表示式 (3-85)左边的一列矩阵，用 $\boldsymbol{\Psi}$ 表示式(3-85)右边的一列矩阵，那么式(3-85)可以简单地写成

$$\boldsymbol{\Phi} = \boldsymbol{F}\boldsymbol{\Psi} \tag{3-86}$$

前面已经讲过，量子力学中表示力学量的算符都是厄米算符。自然，表示厄米算符的矩阵是厄米矩阵。证明如下，

$$F_{nm}^* = \int u_n(x) \{\hat{F} u_m(x)\}^* \mathrm{d}x$$

根据厄米算符的定义，有

$$F_{nm}^* = \int u_m^*(x) \hat{F} u_n(x) \mathrm{d}x$$

即

$$F_{nm}^* = F_{mn} \tag{3-87}$$

式(3-87)说明矩阵 $\boldsymbol{F}$ 的第 n 行第 m 列的矩阵元等于它第 n 列第 m 行矩阵元的共轭复数，满足式(3-87)的矩阵称为厄米矩阵。

算符在自身表象中的矩阵表示又是什么形式呢？由式(3-83)可知，Q 在自身表象中的矩阵元是

$$Q_{nm} = \int u_n^*(x) Q\left(x, \frac{\hbar}{\mathrm{i}} \frac{\partial}{\partial x}\right) u_m(x) \mathrm{d}x = \int u_n^*(x) Q_m u_m(x) \mathrm{d}x = Q_m \delta_{nm} \tag{3-88}$$

由此我们得到一个重要的结论，算符在其自身表象中是一个对角矩阵。希望同学们能联系 3.3.1 小节中第四部分的讨论，自己领悟出这个结论的重要性。

3. 幺正变换

在量子力学中，表象的选取决定于所讨论的问题。表象选取得适当可以使问题的讨论大为

简化，这正如几何学或经典力学中选取坐标系一样。几种不同的坐标系如图 3－2 所示。

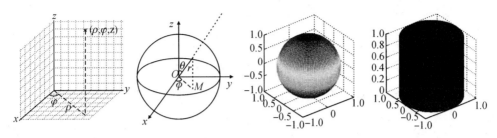

图 3－2　几种不同的坐标系

在讨论问题时，常常需要从一个表象变换到另一个表象。本节中我们讨论波函数和力学量从一个表象变换到另一个表象的一般情况。其实，对于该问题我们在 3.3.1 小节的第二部分和第三部分中已经讨论过。下面引用周世勋老师的《量子力学》一书中的相关内容，从另一个角度再次推导证明该问题，以进一步强化同学们的理解。

设算符 $\hat{A}$ 的正交归一本征函数系为 $\psi_1(x)$，$\psi_2(x)$，$\cdots$，算符 $\hat{B}$ 的正交归一本征函数系为 $\varphi_1(x)$，$\varphi_2(x)$，$\cdots$，则算符 $\hat{F}$ 在表象 A 中的矩阵元为

$$F_{mn} = \int \psi_m^*(x)\, \hat{F}\psi_n(x)\mathrm{d}x,\, m,\, n = 1,\, 2,\, \cdots \qquad (3-89)$$

在表象 B 中的矩阵元为

$$F'_{\alpha\beta} = \int \varphi_\alpha^*(x)\, \hat{F}\varphi_\beta(x)\mathrm{d}x,\, \alpha,\, \beta = 1,\, 2,\, \cdots \qquad (3-90)$$

为了得出 $\hat{F}$ 在两个表象中矩阵元的联系，$\varphi(x)$ 按完全系 $\psi_1(x)$，$\psi_2(x)$，$\cdots$，展开可得：

$$\begin{cases} \varphi_\beta(x) = \sum_n S_{n\beta}\psi_n(x) \\ \varphi_\alpha^*(x) = \sum_m \psi_m^*(x)S_{m\alpha}^* \end{cases} \qquad (3-91)$$

式中，展开系数 $S_{n\beta}$ 及 $S_{m\alpha}^*$ 由式(3－92)给出：

$$\begin{cases} S_{m\alpha}^* = \int \psi_m^*(x)\varphi_\alpha^*(x)\mathrm{d}x \\ S_{n\beta} = \int \psi_n^*(x)\varphi_\beta(x)\mathrm{d}x \end{cases} \qquad (3-92)$$

以 $S_{n\beta}$ 为矩阵元的矩阵 $\boldsymbol{S}$ 称为变换矩阵，通过式(3－91)把表象 A 的基矢 $\boldsymbol{\varphi}_n$ 变换为表象 B 的基矢 $\boldsymbol{\varphi}_\beta$。

下面我们讨论变换矩阵 $\boldsymbol{S}$ 的一个基本性质。将式(3－91)代入 $\varphi_\alpha(x)$ 的正交归一条件，并注意波函数 $\psi_m(x)$ 的正交归一性，可得到

$$\delta_{\alpha\beta} = \int \varphi_\alpha^*(x)\varphi_\beta(x)\mathrm{d}x = \sum_{mn} \int \psi_m^*(x)S_{m\alpha}^*\,\psi_n(x)S_{n\beta}\mathrm{d}x$$

$$= \sum_{mn} S_{m\alpha}^*\, S_{n\beta}\int \psi_m^*(x)\psi_n(x)\mathrm{d}x$$

$$= \sum_{mn} S_{m\alpha}^*\, S_{n\beta}\delta_{mn} = \sum_m (\boldsymbol{S}^\dagger)_{\alpha m}\boldsymbol{S}_{m\beta} = (\boldsymbol{S}^\dagger \boldsymbol{S})_{\alpha\beta}$$

即

$$S^\dagger S = I \tag{3-93}$$

式中，$S^\dagger$ 是矩阵 S 的共轭矩阵，I 是单位矩阵。由式(3-93)可得

$$\sum_\alpha S_{n\alpha} S_{m\alpha}^* = \sum_\alpha S_{n\alpha} (S^\dagger)_{\alpha m} = \sum_\alpha \int \psi_n^*(x) \varphi_\alpha(x) \mathrm{d}x \int \psi_m(x') \varphi_\alpha^*(x') \mathrm{d}x' \tag{3-94}$$

为简化式(3-94)右边，我们注意，如将 $\psi_m(x')$ 按 $\varphi_\alpha(x')$ 展开，则有

$$\psi_m(x') = \sum_\alpha c_\alpha \varphi_\alpha(x')$$

展开系数为

$$c_\alpha = \int \varphi_\alpha^*(x') \psi_m(x') \mathrm{d}x'$$

将它代入式(3-94)右边，可得

$$\sum_\alpha S_{n\alpha} S_{m\alpha}^* = \sum_\alpha \int \psi_n^*(x) c_\alpha \varphi_\alpha(x) \mathrm{d}x = \int \psi_n^*(x) \sum_\alpha c_\alpha \varphi_\alpha(x) \mathrm{d}x$$

$$= \int \psi_n^*(x) \psi_m(x) \mathrm{d}x = \delta_{mn}$$

即

$$SS^\dagger = I \tag{3-95}$$

由 S 的性质式(3-93)及式(3-95)，根据逆矩阵的定义可知

$$S^\dagger = S^{-1} \tag{3-96}$$

满足式(3-96)的矩阵称为幺正矩阵，由幺正矩阵所表示的变换称为幺正变换。所以由一个表象到另一个表象的变换是幺正变换。

现在，我们讨论如何用变换矩阵 S 将力学量在表象 A 中的表示变换为表象 B 中的表示。为此，我们将式(3-91)代入式(3-90)，得

$$F'_{\alpha\beta} = \sum_{mn} \int \psi_m^*(x) S_{m\alpha}^* \hat{F} S_{n\beta} \psi_n(x) \mathrm{d}x$$

$$= \sum_{mn} S_{m\alpha}^* \int \psi_m^*(x) \hat{F} \psi_n(x) \mathrm{d}x S_{n\beta}$$

$$= \sum_{mn} S_{m\alpha}^* F_{mn} S_{n\beta}$$

$$= \sum_{mn} S_{m\alpha}^\dagger F_{mn} S_{n\beta} \tag{3-97}$$

以 F' 表示算符 $\hat{F}$ 在表象 B 中的矩阵，F 表示 $\hat{F}$ 在表象 A 中的矩阵，那么式(3-97)可以写为

$$F' = S^\dagger F S$$

利用式(3-96)，上式又可写为

$$F' = S^{-1} F S \tag{3-98}$$

这就是力学量 $\hat{F}$ 由表象 A 变换到表象 B 的变换公式。

现在讨论一个状态 $u(x, t)$ 从表象 A 到表象 B 的变换。

设

$$u(x, t) = \sum_n a_n(t)\psi_n(x) \tag{3-99}$$

$$u(x, t) = \sum_\alpha b_\alpha(t)\psi_\alpha(x) \tag{3-100}$$

那么状态 $u(x, t)$ 在表象 A 和表象 B 中可分别用

$$a = \begin{pmatrix} a_1(t) \\ a_2(t) \\ \vdots \\ a_n(t) \\ \vdots \end{pmatrix}, \quad b = \begin{pmatrix} b_1(t) \\ b_2(t) \\ \vdots \\ b_\alpha(t) \\ \vdots \end{pmatrix}$$

表示。以 $\varphi_\alpha^*(x)$ 左乘式(3-100)两边，并对 x 变化的整个区域积分，再利用式(3-91)和式(3-99)，可得

$$b_\alpha(t) = \int \varphi_\alpha^*(x)u(x, t)\mathrm{d}x = \sum_m \int \psi_m^*(x)S_{m\alpha}^* u(x, t)\mathrm{d}x$$

$$= \sum_m S_{m\alpha}^* a_m(t) = \sum_m (S^\dagger)_{\alpha m} a_m(t)$$

即

$$b = S^\dagger a$$

或

$$b = S^{-1}a \tag{3-101}$$

这就是态矢量从表象 A 到表象 B 的变换公式。

下面我们证明幺正变换的一个重要性质——幺正变换不改变算符的本征值。

设 $\hat{F}$ 在表象 A 中的本征值方程为

$$Fa = \lambda a$$

式中，λ 为本征值，a 为本征矢。现在通过上述幺正变换，将 F 和 a 从表象 A 变换到表象 B，那么由式(3-98)及式(3-101)得

$$F' = S^{-1}FS$$

$$b = S^{-1}a$$

在表象 B 中，有

$$F'b = (S^{-1}FS)S^{-1}a = S^{-1}Fa = S^{-1}\lambda a = \lambda S^{-1}a$$

即

$$F'b = \lambda b$$

这个本征值方程说明算符 $\hat{F}$ 在表象 B 中的本征值仍为 λ。也就是说，幺正变换不改变算符的本征值。

如果 F' 是对角矩阵，即表象 B 是 $\hat{F}$ 自身的表象，那么 F' 的对角元素就是 $\hat{F}$ 的本征值。于是，求算符本征值的问题归结为寻找一个幺正变换把算符 $\hat{F}$ 从原来的表象变换到 $\hat{F}$ 自身的表象，使得 $\hat{F}$ 的矩阵表示对角化。解定态薛定谔方程求定态能级的问题也就是把坐标表象中的哈密顿算符对角化，即由 x 表象变换到能量表象。

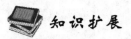 **知识扩展**

在某一表象下，算符$\phi = \hat{F}\psi$

由于ψ可以由矩阵表示，那么ϕ也可以由矩阵表示

矩阵对角化就是求本征值的过程。

自然得出结论：$\hat{F}$也是矩阵，且$\hat{F}$在自身表象下是对角矩阵，对角元即为本征值

4. 量子力学公式的矩阵表述

在本章的开头中，我们曾说过，前几章都是用坐标表象叙述量子力学规律的。现在我们可以用任一力学量 Q 的表象来叙述这些规律。为简单起见，我们针对 Q 只具有分立本征值的情况进行讨论，这样读者就可以很容易把它们推广到一般情况。

1）平均值公式

先将波函数 $\Psi(x, t)$ 按 Q 的本征函数展开并写出它的共轭表示式：

$$\Psi(x, t) = \sum_n a_n(t) u_n(t)$$

$$\Psi^*(x, t) = \sum_m a_m^*(t) u_m^*(t)$$

$$(3 - 102)$$

然后代入算符平均值公式：

$$\overline{F} = \int \Psi^*(x, t)\, \hat{F}\left(x, \frac{\hbar}{i}, \frac{\partial}{\partial x}\right) \Psi(x, t)\, dx$$

得出

$$\overline{F} = \int \sum_{mn} a_m^*(t) u_m^*(t)\, \hat{F}\left(x, \frac{\hbar}{i}, \frac{\partial}{\partial x}\right) a_n(t) u_n(t)\, dx$$

$$= \sum_{mn} a_m^*(t) \int u_m^*(x)\, \hat{F}\left(x, \frac{\hbar}{i}, \frac{\partial}{\partial x}\right) u_n(t)\, dx\, a_n(t)$$

进一步有

$$\overline{F} = \sum_{mn} a_m^*(t) F_{mn} a_n(t) \tag{3 - 103}$$

式(3-103)右边可以写成矩阵相乘的形式：

$$\boldsymbol{F} = (a_1^*(t),\ a_2^*(t),\ \cdots,\ a_m^*(t),\ \cdots) \begin{pmatrix} F_{11} & F_{12} \cdots & F_{1n} \cdots \\ F_{21} & F_{22} \cdots & F_{2n} \cdots \\ \vdots & \vdots & \vdots \\ F_{m1} & F_{m2} \cdots & F_{mn} \cdots \\ \vdots & \vdots & \vdots \end{pmatrix} \begin{pmatrix} a_1(t) \\ a_2(t) \\ \vdots \\ a_n(t) \\ \vdots \end{pmatrix}$$

或简写为

$$\overline{F} = \Psi^\dagger F \Psi \tag{3-104}$$

2）本征值方程

$$\hat{F}\left(x, \frac{\hbar}{i}, \frac{\partial}{\partial x}\right)\Psi(x, t) = \lambda\Psi(x, t)$$

的矩阵形式可明显地写出，上式即为

$$\begin{pmatrix} F_{11} & F_{12}\cdots & F_{1n}\cdots \\ F_{21} & F_{22}\cdots & F_{2n}\cdots \\ \vdots & \vdots & \vdots \\ F_{m1} & F_{m2}\cdots & F_{mn}\cdots \\ \vdots & \vdots & \vdots \end{pmatrix}\begin{pmatrix} a_1(t) \\ a_2(t) \\ \vdots \\ a_n(t) \\ \vdots \end{pmatrix} = \lambda\begin{pmatrix} a_1(t) \\ a_2(t) \\ \vdots \\ a_n(t) \\ \vdots \end{pmatrix}$$

将等号右边部分移至左边，得

$$\begin{pmatrix} F_{11}-\lambda & F_{12}\cdots & F_{1n}\cdots \\ F_{21} & F_{22}-\lambda\cdots & F_{2n}\cdots \\ \vdots & \vdots & \vdots \\ F_{m1} & F_{m2}\cdots & F_{mn}-\lambda\cdots \\ \vdots & \vdots & \vdots \end{pmatrix}\begin{pmatrix} a_1(t) \\ a_2(t) \\ \vdots \\ a_n(t) \\ \vdots \end{pmatrix} = 0 \tag{3-105}$$

方程（3-105）是一个线性齐次代数方程组。

$$\sum_n (F_{mn} - \lambda\delta_{mn})a_n(t) = 0, \quad m = 1, 2, \cdots$$

这个方程组有非零解的条件是行列式等于零，即

$$\begin{vmatrix} F_{11}-\lambda & F_{12} & \cdots & F_{1n} & \cdots \\ F_{21} & F_{22}-\lambda & \cdots & F_{2n} & \cdots \\ \vdots & \vdots & & \vdots & \\ F_{n1} & F_{n2} & \cdots & F_{mn}-\lambda & \cdots \\ \vdots & \vdots & & \vdots & \end{vmatrix} = 0 \tag{3-106}$$

方程（3-106）称为**久期方程**。求解久期方程可以得到一组 λ 值：$\lambda_1, \lambda_2, \cdots, \lambda_n\cdots$；它们就是 F 的本征值。把求得的 λ_i 分别代入式（3-105）中就可以求得与 λ_i 对应的本征矢（$a_{i1}(t), a_{i2}(t), \cdots, a_{in}(t), \cdots$），其中 $i = 1, 2, \cdots, n, \cdots$。这样就把解微分方程求本征值的问题变为求解方程（3-106）根的问题。

本 章 小 结

本章前半部分讨论了量子力学的力学量要用算符来表示的原因，以及该算符对应本征值的本征函数有何特点，并给出了写出量子力学中力学量对应算符的规则。本章后半部分讨论了如何将薛定谔波动力学微分方程形式转化为海森堡矩阵力学形式，即表象理论，具

体包括态的表象、力学量的表象、表象之间的幺正变换，以及求解本征值方程的两种矩阵代数方法。

习　　题

1. 求证：$\psi_1 = y + iz$，$\psi_2 = z + ix$，$\psi_3 = x + iy$ 分别为角动量算符 $\hat{l}_x$，$\hat{l}_y$，$\hat{l}_z$ 的本征值为 $\hbar$ 的本征态。

2. 求证：$\psi(x, y, z) = x + y + z$ 是角动量平方算符 $\hat{l}^2$ 的本征值为 $2\hbar^2$ 的本征函数。

3. 利用算符合成规则给出角动量算符 $\hat{L}_\mu$，并计算对易关系 $[\hat{L}_\mu, \hat{p}_\nu]$，其中 μ、$\nu = x, y, z$。

4. 设粒子处于一维无限深方势阱中，

$$U(x) = \begin{cases} 0 & 0 < x < a \\ \infty & x < 0, \ x > a \end{cases}$$

试证明：处于能量本征态 $\Psi_n(x)$ 的粒子的 $\bar{x} = a/2$。

5. 设粒子处于无限深方势阱中，

$$U(x) = \begin{cases} 0, & 0 < x < a \\ \infty, & x < 0, \ x > a \end{cases}$$

粒子波函数为 $\psi(x) = Ax(x - a)$，A 为归一化常数。试求：

(1) A 的值。

(2) 粒子处于能量本征态 $\psi_n(x) = \sqrt{\dfrac{2}{a}} \sin \dfrac{n\pi x}{a}$ 的概率 P_n。

（提示：用 $\psi_n(x)$ 展开，$\psi(x) = \sum\limits_n C_n \psi_n(x)$，$P_n = |C_n|^2$。）

(3) 作图，比较 $\psi(x)$ 与 $\psi_1(x)$ 曲线。从 $P_1 \gg P_n (n \neq 1)$ 来说明两条曲线非常相似，即 $\psi(x)$ 的基态几乎与 $\psi_1(x)$ 完全相同。

6. 一个处在一维无限深方势阱中的粒子，其初始波函数是

$$\Psi(x, 0) = \begin{cases} Ax, & 0 \leqslant x \leqslant a/2 \\ A(a - x), & a/2 \leqslant x \leqslant a \end{cases}$$

(1) 画出 $\Psi(x, 0)$ 的图形，然后求出 A。

(2) 求出 $\Psi(x, t)$。

(3) 测量能量得到的结果为 E_1 的概率是多少？

(4) 求出能量的期望值。

7. 设一量子体系处于用波函数 $\psi(\theta, \varphi) = \dfrac{1}{\sqrt{4\pi}} (e^{i\varphi} \sin\theta + \cos\theta)$ 所描述的量子态。求：

(1) 在该态下，$\hat{l}_z$ 的可能测值和各个值出现的概率。

(2) $\hat{l}_z$ 的平均值。

8. 设体系处于 $\psi = c_1 Y_{11} + C_2 Y_{20}$ 状态，且已归一化，即 $|c_1|^2 + |c_2|^2 = 1$。试求：

(1) l_z 的可能测值及平均值。

(2) l^2 的可能测值及相应的概率。

(3) l_x 的可能测值及相应的概率。

9. 证明力学量 x 与 $F(P_x)$ 的不确定性关系 $\sqrt{(\Delta x)^2 (\Delta F)^2} \geqslant \dfrac{\hbar}{2} \left| \dfrac{\partial F}{\partial P_x} \right|$。

（提示：Hamilton 量 $\boldsymbol{H} = \dfrac{\boldsymbol{P}^2}{2m} + U(\boldsymbol{r})$。）

10. 若 A 与 B 为厄米算符，则 $\dfrac{1}{2}(AB+BA)$ 和 $\dfrac{1}{2\mathrm{i}}(AB-BA)$ 也是厄米算符。由此证明：任何一个算符均可分解为 $F = F_+ + \mathrm{i}F_-$，$F_+ = \dfrac{1}{2}(F+F_+)$，$F_- = \dfrac{1}{2\mathrm{i}}(F-F_+)$，$F_+$ 与 F_- 均为厄米算符。

11. 定义算符 $\hat{A} = \dfrac{1}{2}(\hat{U}+\hat{U}^+)$，$\hat{B} = \dfrac{1}{2\mathrm{i}}(\hat{U}-\hat{U}^+)$。其中算符 $\hat{U}$ 是幺正算符。证明 $\hat{A}$ 和 $\hat{B}$ 皆为厄米算符，并且满足

$$\hat{A}^2 + \hat{B}^2 = 1$$
$$[\hat{A}, \hat{B}] = 0$$

12. 已知算符 $\hat{A}$、$\hat{B}$ 满足 $\hat{A}^2 = 0$，$\hat{A}\hat{A}^+ + \hat{A}^+\hat{A} = 1$，$\hat{B} = \hat{A}^+\hat{A}$，证明 $\hat{B}^2 = \hat{B}$，并在表象 B 中求出 $\hat{A}$ 的矩阵表示。

13. 已知在 L^2 和 L_z 的共同表象中，算符 $\hat{L}_x$，$\hat{L}_y$ 的矩阵形式分别为

$$\hat{\boldsymbol{L}}_x = \frac{\hbar}{\sqrt{2}} \begin{pmatrix} 0 & 1 & 0 \\ 1 & 0 & 1 \\ 0 & 1 & 0 \end{pmatrix}, \qquad \hat{\boldsymbol{L}}_y = \frac{\hbar}{\sqrt{2}} \begin{pmatrix} 0 & -\mathrm{i} & 0 \\ \mathrm{i} & 0 & -\mathrm{i} \\ 0 & \mathrm{i} & 0 \end{pmatrix}$$

求其本征值及相应的本征函数。

第四章　微扰理论及其应用

在量子力学中，基于薛定谔方程，获得的体系能量本征值和本征函数往往不能精确求解，需要简化处理很小的附加量的问题，而微扰理论是常采用的方法之一。

按照体系哈密顿算符的显含时间，微扰理论可分为定态微扰理论和含时微扰理论两种。其中，定态微扰理论按照能量是否简并，又分为非简并和简并两种情况。本章将首先介绍这几种微扰理论，然后讨论其在半导体物理 Si 晶体能带结构解算中的应用。

4.1　定态微扰理论

设体系的哈密顿量为 $\hat{H}$，能量本征方程为

$$\hat{H}\psi_n = E_n\psi_n \tag{4-1}$$

通常有小附加量存在时，$\hat{H}$ 可以分为两个部分，即

$$\hat{H} = \hat{H}^{(0)} + \hat{H}' = \hat{H}^{(0)} + \lambda\hat{H}' \tag{4-2}$$

式中，$\hat{H}^{(0)}$ 为可精确求解部分；λ 是一个很小的量，即 $|\lambda| \ll 1$（λ 将 $\hat{H}'$ 的微小程度明显表示出来，并无新的物理意义）；$\hat{H}'$ 被称为微扰。

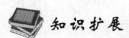 **知识扩展**

为帮助大家理解微扰的概念，我们举个例子，一带电量为 q 的线性谐振子受恒定弱电场作用，恒定弱电场项就是 $\hat{H}'$。至于微扰对体系产生的效果，我们给出如下示意图，进一步加强同学们对此概念的理解认识。

一维谐振子　　$-\dfrac{h^2}{2m}\dfrac{d^2}{dx^2}\psi + \dfrac{1}{2}m\omega^2x^2\psi = E\psi$

$E_n^{(0)}$ - - - - - E_n　　$\hat{H} = -\dfrac{1}{2m}\dfrac{d^2}{dx^2} + \dfrac{1}{2}m\omega^2x^2$

$E_n = n + \dfrac{1}{2}\hbar\omega$

$E_2^{(0)}$ - - - - - E_2

$E_1^{(0)}$ - - - - - E_1　　$\psi_n = N_n e^{-\frac{1}{2}\xi^2}H_n(\xi)$

带电量为 q 的一维谐振子在电场中：

$\hat{H} = -\dfrac{1}{2m}\dfrac{d^2}{dx^2} + \dfrac{1}{2}m\omega^2x^2 \ \boxed{-qEx} \longrightarrow$ 微扰项

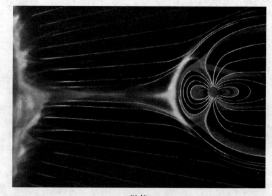

微扰

4.1.1　非简并微扰理论

微扰理论的具体形式多种多样，但其基本思想相同，即逐级近似。按照逐级近似求解能量本征方程(4-1)，已知

$$\hat{H}^{(0)} \psi_n^{(0)} = E_n^{(0)} \psi_n^{(0)} \tag{4-3}$$

令

$$E_n = E_n^{(0)} + \lambda E_n^{(1)} + \lambda^2 E_n^{(2)} + \cdots \tag{4-4}$$

$$\psi_n = \psi_n^{(0)} + \lambda \psi_n^{(1)} + \lambda^2 \psi_n^{(2)} + \cdots \tag{4-5}$$

式中，$E_n^{(0)}$ 和 $\varphi_n^{(0)}$ 是零级近似解，亦为可精确求解的已知部分。把式(4-3)、式(4-4)、式(4-5)代入式(4-1)，比较方程两边 λ 的同幂次项，可得到各级近似方程：

$$\lambda^0 : (\hat{H}^{(0)} - E_n^{(0)}) \psi_n^{(0)} = 0 \tag{4-6(a)}$$

$$\lambda^1 : (\hat{H}^{(0)} - E_n^{(0)}) \psi_n^{(1)} = -(\hat{H}' - E_n^{(1)}) \psi_n^{(0)} \tag{4-6(b)}$$

$$\lambda^2 : (\hat{H}^{(0)} - E_n^{(0)}) \psi_n^{(2)} = -(\hat{H}' - E_n^{(1)}) \psi_n^{(1)} + E_n^{(2)} \psi_n^{(0)} \tag{4-6(c)}$$

再逐级求解。

引入 λ 的目的是为了更清楚地按数量级分出方程(4-6)的系列方程。在该目的达到后，我们将 λ 省去，把 $E_n^{(1)}$，$\psi_n^{(1)}$ 理解为能量和波函数的一级修正，这样便不会有含糊不清之处。

下面讨论 $E_n^{(0)}$ 非简并的情况。对应于这个本征值，$\hat{H}^{(0)}$ 的本征函数只有一个 $\psi_n^{(0)}$，它就是 ψ_n 的零级近似。为了求 $E_n^{(1)}$，以 $\psi_n^{(0)*}$ 左乘式(4-6(b))两边，并对整个空间积分，得

$$\int \psi_n^{(0)*} (\hat{H}^{(0)} - E_n^{(0)}) \psi_n^{(1)} \, d\tau = E_n^{(1)} \int \psi_n^{(0)*} \psi_n^{(0)} \, d\tau - \int \psi_n^{(0)*} \hat{H}' \psi_n^{(0)} \, d\tau \tag{4-7}$$

注意到 $\hat{H}^{(0)}$ 是厄米算符，$E_n^{(0)}$ 是实数，则有

$$\int \psi_n^{(0)*} (\hat{H}^{(0)} - E_n^{(0)}) \psi_n^{(1)} \, d\tau = \int [(\hat{H}^{(0)} - E_n^{(0)}) \psi_n^{(0)}]^* \psi_n^{(1)} \, d\tau = 0 \tag{4-8}$$

于是，由式(4-7)，并注意到 $\psi_n^{(0)}$ 的正交归一性得到

$$E_n^{(1)} = \int \psi_n^{(0)*} \hat{H}' \psi_n^{(0)} \, d\tau \tag{4-9}$$

即能量的一级修正 $E_n^{(1)}$ 等于在 $\psi_n^{(0)}$ 态中的平均值。

已知 $E_n^{(1)}$，由式(4-6(b))即可求得 $\psi_n^{(1)}$。为此，我们将 $\psi_n^{(1)}$ 按 $\hat{H}^{(0)}$ 的本征函数系数展开，可得

$$\psi_n^{(1)} = \sum_l a_l^{(l)} \psi_l^{(0)}$$

由于 $\psi_n^{(1)}$ 加上 $a\psi_n^{(0)}$ 后仍是方程(4-6(b))的解，所以我们总可以选取 a 使得上面展式中不含 $\psi_n^{(0)}$，即

$$\psi_n^{(1)} = \sum_l{}' a_l^{(l)} \psi_l^{(0)} \tag{4-10}$$

式(4-10)右边求和号上角加一撇表示求和时不包括 $l=n$ 的项。将式(4-10)代入式(4-6(b))，得

$$\sum_{l}' E_l^{(0)} a_l^{(l)} \psi_l^{(0)} - E_n^{(0)} \sum_{l}' a_l^{(l)} \psi_l^{(0)} = E_n^{(1)} \psi_n^{(0)} - \hat{H}' \psi_n^{(0)}$$

以 $\psi_n^{(0)*}$($m \neq n$)左乘上式两边后，对整个空间积分，并注意到 $\psi_l^{(0)}$ 的正交归一性：

$$\int \psi_n^{(0)*} \psi_l^{(0)} \, \mathrm{d}\tau = \delta_{ml}$$

得到

$$\sum_{l}' E_l^{(0)} a_l^{(l)} \delta_{ml} - E_n^{(0)} \sum_{l}' a_l^{(l)} \delta_{ml} = -\int \psi_m^{(0)*} \hat{H}' \psi_n^{(0)} \, \mathrm{d}\tau \qquad (4-11)$$

令

$$\int \psi_m^{(0)*} \hat{H}' \psi_n^{(0)} \, \mathrm{d}\tau = H'_{mn} \qquad (4-12)$$

H'_{mn} 称为微扰矩阵元。于是式(4-11)简化为

$$(E_n^{(0)} - E_m^{(0)}) a_m^{(1)} = H'_{mn}$$

或

$$a_m^{(1)} = \frac{H'_{mn}}{E_n^{(0)} - E_m^{(0)}} \qquad (4-13)$$

将式(4-13)代入式(4-10)，得到

$$\psi_n^{(1)} = \sum_{l}' \frac{H'_{mn}}{E_n^{(0)} - E_m^{(0)}} \psi_m^{(0)} \qquad (4-14)$$

利用类似的方法，我们还可以依次求出能量与波函数的二级修正，以及它们的更高级修正等。

通常我们仅给出能量的二级微小项，即可达到所需计算精度。能量的二级微小项表示为

$$E_n = E_n^{(0)} + H'_{nn} + \sum_{m}' \frac{|H'_{mn}|^2}{E_n^{(0)} - E_m^{(0)}} + \cdots \qquad (4-15)$$

受微扰体系所对应的波函数可相应的表示为

$$\psi_n = \psi_n^{(0)} + \sum_{m}' \frac{H'_{mn}}{E_n^{(0)} - E_m^{(0)}} \psi_m^{(0)} + \cdots \qquad (4-16)$$

4.1.2　简并微扰理论

4.1.1 小节的结果只适用于 $E_n^{(0)}$ 不是简并的情况，本小节将进一步讨论简并情况的微扰理论。讨论之前，先举氢原子的一级斯塔克效应的例子，帮助读者定性理解简并微扰理论。我们知道，由于电子在氢原子中受到球对称的库仑场的作用，第 n 个能级有 n^2 度简并。但加入外电场后，势场的对称性受到破坏，能级会发生分裂，使简并部分被消除，直观地表现为谱线分裂现象。

图 4-1 表示能级的分裂情况。图 4-1(a)是没有外电场时的能级和跃迁，图 4-1(b)是加进外电场后的情况。原来简并的能级在外电场作用下分裂为三个能级，一个在原来的上面，一个在原来的下面，能量差都是 $3e\varepsilon a_0$。这样，无外电场时的一条谱线，在外电场中就分裂成三条。

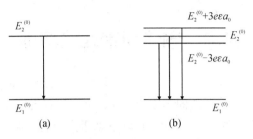

图 4 - 1　能级的分裂情况

现在进入理论部分。假设 $E_n^{(0)}$ 是简并的，属于 $\hat{H}^{(0)}$ 的本征值 $E_n^{(0)}$ 有 k 个本征函数 ϕ_1，ϕ_2，$\cdots$，ϕ_k，则

$$\hat{H}^{(0)}\phi_i = E_n^{(0)}\phi_i, \ i = 1, 2, \cdots, k \tag{4-17}$$

在这种情况下，首先遇到的问题是如何从这 k 个 ϕ_i 中挑出零级近似波函数。作为零级近似波函数，它必须使方程(4 - 6(b))有解。根据这个条件，我们把零级近似波函数 $\psi_n^{(0)}$ 写成 k 个 ϕ_i 的线性组合，即

$$\psi_n^{(0)} = \sum_{i=1}^{k} c_i^{(0)}\phi_i \tag{4-18}$$

系数 $c_i^{(0)}$ 可按下面的步骤由方程(4 - 6(b))定出。

将式(4 - 18)代入式(4 - 6(b))中，有

$$(\hat{H}^{(0)} - E_n^{(0)})\psi_n^{(1)} = E_n^1 \sum_{i=1}^{k} c_i^{(0)}\phi_i - \sum_{i=1}^{k} c_i^{(0)}\hat{H}'\phi_i$$

以 ϕ_l^* 左乘上式两边，并对整个空间积分，且由式(4 - 8)可知，上式左边为零，则得

$$\sum_{i=1}^{k}(\hat{H}_{li}' - E_n^{(1)}\delta_{li})c_i^{(0)} = 0, \ l = 1, 2, \cdots, k \tag{4-19}$$

式中，

$$\hat{H}_{li}' = \int \phi_l^* \hat{H}'\phi_i \mathrm{d}\tau \tag{4-20}$$

式(4 - 19)是以系数为未知量的一次齐次方程组，它有不全为零解的条件是

$$\begin{vmatrix} H_{11}' - E_n^{(1)} & H_{12}' & \cdots & H_{1k}' \\ H_{21}' & H_{22}' - E_n^{(1)} & \cdots & H_{2k}' \\ \vdots & \vdots & & \vdots \\ H_{k1}' & H_{k2}' & \cdots & H_{kk}' \end{vmatrix} = 0 \tag{4-21}$$

这个行列式方程称为**久期方程**，解这个方程可以得到能量一级修正 $E_n^{(1)}$ 的 k 个根 $E_{nj}^{(1)}(j=1, 2, \cdots, k)$。因为 $E_n = E_n^{(0)} + E_n^{(1)}$，若 $E_n^{(1)}$ 的 k 个根都不相等，则一级微扰可以将 k 度简并完全消除；若 $E_n^{(1)}$ 有几个重根，则说明简并只是部分被消除，必须进一步考虑能量的二级修正，才有可能使能级完全分裂开来。

为了确定能量 $E_{nj} = E_n^{(0)} + E_n^{(1)}$ 所对应的零级近似波函数，可以把 $E_{nj}^{(1)}$ 的值代入式(4 - 19)中解出一组 $c_i^{(0)}$，再代入式(4 - 18)即得。

4.2　固体能带理论基础

上一节我们分别讨论了简并和非简并微扰理论。学以致用是本书的一个基本出发点，对于微电子学与固体电子学专业的同学来说，这两个理论将会应用于半导体物理中的 Si 晶体能带结构求解中，我们会在 4.3 节对该问题予以重点讨论。而在那之前，本节将补充固体能带理论的一些初步概念，为 4.3 节利用微扰理论求解 Si 晶体能带结构扫清障碍。

4.2.1　允带与禁带

在第二章中，氢原子的研究结果表明：核外束缚态电子的能量是量子化的，即只允许电子能量是分立的。电子的径向概率密度函数也是确定的，该函数给出了距原子核某个特定距离发现电子的概率，同时也说明电子并不固定于某个特定半径。将这种独立原子的结果推广到晶体中，就可定性地提出允带与禁带的概念，并进一步利用量子力学原理和薛定谔波动方程来处理单晶体中的电子问题，我们会看到电子所占据的能量允带被禁带隔离开了。

1. 能带的形成

图 4 - 2(a)显示的是独立的、无相互作用的氢原子的电子最低能量状态的径向概率密度函数 $p(r)$ 曲线，其中，r 代表原子间距。图 4 - 2(b)显示的是两个距离较近的原子的电子最低能量状态的径向概率密度函数 $p(r)$ 曲线。这种双原子的电子的波函数相互交叠，意味着两个原子互相影响。这种相互作用或者说互相微扰的结果使一个分立的量子化能级分裂成两个分立能级，如图 4 - 2(c)所示。这种一个分立态分裂为两个分立态是符合泡利不相容原理的。

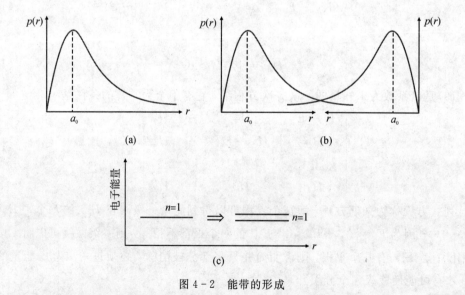

图 4 - 2　能带的形成

下面举一个简单的例子来模拟这种相互作用粒子的能级分裂。假设赛车道上有两辆距离很远的相同赛车分别在行驶，它们之间没有相互影响，因此要想都达到某种速度就必须为赛车提供相同的动力。然而，如果其中一辆赛车紧紧地跟随在另一辆赛车的后面，就会产生一种称为空气拖曳的作用，两辆赛车之间会表现出一定程度的牵引力。由于受到落后赛车的牵引，领先赛车必须加大动力才能保持原来的速度；而由于受到领先赛车的牵引，落后赛车必须降低动力才能保持速度。这就产生了两辆相互影响赛车动力（能量）的分裂。

现在，如果以某种方法将最初相距很远的氢原子按一定的规律和周期排列起来，那么最初的量子化能级就会分裂为分立的能带。这种效果如图 4-3 所示，其中参数 r_0 代表晶体中平衡状态的原子间距。在平衡状态的原子间距处，存在能量的允带，而允带中能量仍然是分立的。泡利不相容原理指出，原子聚集所形成的系统（晶体）无论大小如何变化，都不会改变量子态的总数。由于任何两个电子都不会具有相同的量子数，因此一个分立能级就必须分裂为一个能带，以保证每个电子均占据独立的量子态。

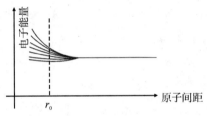

图 4-3 量子化能级分裂示意图

我们知道，一个能级所能容纳的量子态是相对较少的。为了安置晶体中的所有原子，就要求允带中存在很多的能级。举个例子，假设一个系统中有 10^{19} 个单电子原子，同时在平衡状态的原子间距处的允带宽度为 1 eV。为简单起见，我们认为系统中的每个电子占据一个独立的能级，如果分立能量状态之间是等距的，那么每个能级为 10^{-19} eV。这种能量差距是很小的，因此对于实际应用来说，通常认为允带处于准连续能量分布。

对于有规律、周期性排列的原子，每个原子都包含不止一个电子。不妨假设这个假想晶体中的电子处于原子的 $n=3$ 能级上。如果最初原子的相互距离很远，相邻原子的电子没有互相影响，而各自占据分立能级，当把这些原子聚集在一起时，在 $n=3$ 最外壳层上的电子就会开始相互作用，以致能级分裂成能带。如果原子继续靠近，在 $n=2$ 壳层上的电子就开始相互作用并分裂成能带。最终，如果原子间的距离足够小，在 $n=1$ 最里层的电子也开始相互作用，从而导致分裂出能带。这些能级的分裂被定性地表示在图 4-4 中。如果平衡状态的原子间距是 r_0，那么在此处电子占据能量的允带就被禁带隔离开了。分裂能带和允带及禁带的概念就是单晶材料的能带理论。

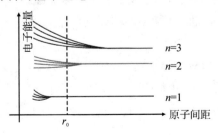

图 4-4 能级分裂示意图

实际晶体中的能级分裂会比图 4-4 所示的能级分裂复杂很多。图 4-5(a)显示的是一个独立的 Si 原子。Si 原子的 14 个电子中有 10 个处于靠近核的深层能级，其余的 4 个相对来说原子的束缚较弱，通常由它们参与化学反应。图 4-5(b)显示了 Si 原子的能带分裂。因为两个较深的电子壳层是满的，而且受到核的紧密束缚，所以只需考虑 $n=3$ 能级上的价电子。其中，$3s$ 态对应 $n=3$ 和 $l=0$，每个原子包含两种量子态，在 $T=0$ K 时，该状态对应两个电子；而 $3p$ 态对应 $n=3$ 和 $l=1$，每个原子包含六种量子态，在独立的 Si 原子中，该状态包含剩余的两个电子。

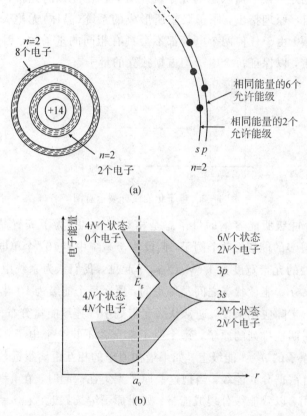

图 4-5　Si 原子及其能带分裂示意图

随着原子间距的减小，$3s$ 和 $3p$ 态相互作用并产生交叠，且在平衡状态的原子间距处产生能带分裂，每个原子中的四个量子态处于较低能带，另外四个量子态则处于较高能带。当处于绝对零度时，电子都处于最低能量状态，从而导致较低能带（价带）的所有状态都是满的，而较高能带（导带）的所有状态都是空的。价带顶和导带底之间的带隙能量 E_g 即为禁带宽度。

2. 克龙尼克-潘纳模型

定性地讨论了原子聚集形成晶体从而导致电子能级的分裂之后，下面我们利用量子力学原理和薛定谔波动方程将允带和禁带的概念更为严格地表示出来。在下面的推导过程中，为使读者更容易理解，我们将做一些必要的省略，但推导的结果将作为半导体能带理论的基础。

图 4 - 6(a)显示了单电子原子独立且无相互影响的势函数，也显示了电子的分立能级。图 4 - 6(b)显示了紧密排列在一维阵列中的很多原子的情况。近距原子的波函数相互重叠，最终形成了如图 4 - 6(c)所示的情况。

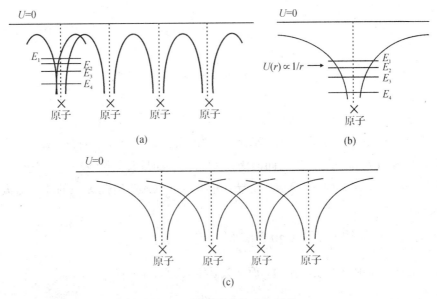

图 4 - 6　波函数的分立与重叠

下面，我们将利用薛定谔波动方程建立一个针对一维单晶材料的模型，进而给出允带和禁带的概念。

首先，我们利用一个简单的势函数，这样，一维单晶晶格的薛定谔波动方程的解就会变得更容易处理。图 4 - 7 显示了周期性势函数的一维克龙尼克-潘纳模型，我们用它来代表一维单晶的晶格。同样，我们需要在每个区域中对薛定谔波动方程求解。按照前面量子力学中问题的解决方法，我们需要着重关注的是 $E < v_0$ 的情况，此时粒子被束缚在晶体中。克龙尼克-潘纳模型是一个一维单晶晶格的理想化模型。

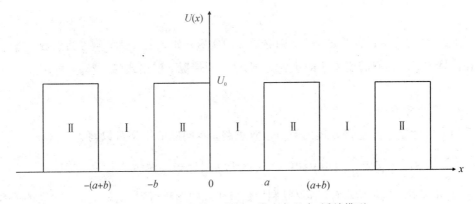

图 4 - 7　周期性势函数的一维克龙尼克-潘纳模型

为了得到薛定谔波动方程的解，需要利用布洛赫数学定理。该定理指出所有周期性变

化的势能函数的单电子波函数必须写为

$$\psi(x) = u(x)e^{ikx} \tag{4-22}$$

其中参数 k 称为运动常量。随着理论的深入，我们会了解该参数的更多细节，而 $u(x)$ 是以 $(a+b)$ 为周期的函数。

　　第一章中曾指出，波动方程的全解是由与时间无关和与时间有关的两部分解组成的，即

$$\Psi(x, t) = \psi(x)\phi(t) = u(x)e^{ikx}e^{-i(E/\hbar)t} \tag{4-23}$$

也可写为

$$\Psi(x, t) = u(x)e^{i(kx-(E/\hbar)t)} \tag{4-24}$$

这种行波解代表电子在单晶材料中的运动。行波的振幅是一个周期函数，参数 k 代表波数。

　　现在确定参数 k 和总能量 E 之间的函数关系 U_0。如果我们假设图 4-7($0<x<a$) 中区域 I 内的 $U(x)=0$，对式(4-22)求二阶导，并将结果代入与时间无关的薛定谔波动方程，则可得关系式

$$\frac{d^2 u_1(x)}{dx^2} + 2ik\frac{du_1(x)}{dx} - (k^2 - \alpha^2)u_1(x) = 0 \tag{4-25}$$

函数 $u_1(x)$ 为区域 I 中波函数的振幅，而参数 α 定义为

$$\alpha^2 = \frac{2mE}{\hbar^2} \tag{4-26}$$

　　在 $-b<x<0$ 给出的区域 II 中，$U(x)=U_0$，应用薛定谔波动方程可得

$$\frac{d^2 u_2(x)}{dx^2} + 2ik\frac{du_2(x)}{dx} - \left(k^2 - \alpha^2 + \frac{2mU_0}{\hbar^2}\right)u_2(x) = 0 \tag{4-27}$$

其中，$u_2(x)$ 为区域 II 中波函数的振幅。不妨定义

$$\frac{2m}{\hbar^2}(E-U_0) = \alpha^2 - \frac{2mv_0}{\hbar^2} = \beta^2 \tag{4-28}$$

那么式(4-27)就可以写为

$$\frac{d^2 u_2(x)}{dx^2} + 2ik\frac{du_2(x)}{dx} - (k^2 - \beta^2)u_2(x) = 0 \tag{4-29}$$

注意，在式(4-28)中，如果 $E>U_0$，则参数 β 为实数；如果 $E<U_0$，则 β 为虚数。当电子被束缚在晶体中时，我们需要关注的主要是 $E>U_0$ 的情况。根据式(4-28)，可定义

$$\beta = i\gamma \tag{4-30}$$

其中，γ 是一个实参量。

　　采用第二章定态薛定谔方程的类似求解思路，本问题的结果可以写为

$$\frac{\gamma^2 - \alpha^2}{2\alpha\gamma}\sin\alpha a \sin\gamma b + \cos\alpha a \cos\gamma b = \cos k(a+b) \tag{4-31}$$

式(4-31)本身并不能解析求解，而必须利用数值法或图形法得到 k、E 和 bU_0 之间的关系。对于一个单独的束缚态粒子，薛定谔波动方程解的结果是分立能量，而式(4-31)解的结果是允带。

　　为了使方程式更加适合于图形法求解并以此说明所得结果的本质，令势垒宽度 $b\to 0$，

而势垒高度 $U_0 \rightarrow \infty$，这样乘积仍然有限，得出

$$\left(\frac{mU_0 ba}{\hbar^2}\right)\frac{\sin a\alpha}{a\alpha} + \cos a\alpha = \cos ka \tag{4-32}$$

定义 p' 为

$$p' = \frac{mU_0 ba}{\hbar^2} \tag{4-33}$$

最后，可得关系式

$$p'\frac{\sin a\alpha}{a\alpha} + \cos a\alpha = \cos ka \tag{4-34}$$

3. k 空间地带

式(4-34)给出了极限情况下参数 k、总能量 E 和势垒 bU_0 之间的关系。通过改变势垒 bU_0，我们可以获得该问题的图的详解。

为了理解解的本质，首先考虑 $U_0=0$ 的特殊情况。此时，$p'=0$ 对应的是没有势垒的自由粒子。根据式(4-34)，有

$$\cos a\alpha = \cos ka \tag{4-.35}$$

或

$$\alpha = k \tag{4-36}$$

由于势场为零，总能量 E 就等于动能，因此根据式(4-26)和式(4-36)可将 α 写为

$$\alpha = \sqrt{\frac{2mE}{\hbar^2}} = \sqrt{\frac{2m\left(\frac{1}{2}mv^2\right)}{\hbar^2}} = \frac{p}{\hbar} = k \tag{4-37}$$

式中，p 是粒子动量。对于自由粒子来说，运动常量参数 k 与粒子动量有关，参数 k 也代表波数。将能量与动量联系起来有

$$E = \frac{p^2}{2m} = \frac{k^2\hbar^2}{2m} \tag{4-38}$$

图 4-8 显示了式(4-38)中自由粒子的能量 E 与动量 p 之间的抛物线关系。由于动量与波数之间是线性相关的，因此图 4-8 也是自由粒子的 E-k 关系曲线。

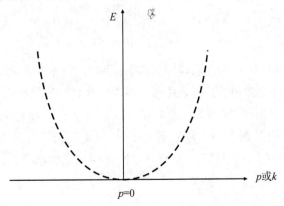

图 4-8　自由粒子的 E-p(或 k)关系曲线

现在要根据式(4-34)讲解单晶晶格中粒子的 $E\text{-}k$ 关系。随着参数 p' 的增大，粒子受到势阱或原子的束缚更加强烈。不妨定义式(4-34)中等号的左边为函数 $f(\alpha a)$，使

$$p'\frac{\sin\alpha a}{\alpha a}+\cos\alpha a=f(\alpha a) \tag{4-39}$$

图 4-9(a)显示了式(4-39)中第一项相对于 αa 的图形，图 4-9(b)显示了 $\cos\alpha a$ 项的图形，而图 4-9(c)则显示了两项之和 $f(\alpha a)$ 的图形。

现在根据式(4-34)还有

$$f(\alpha a)=\cos ka \tag{4-40}$$

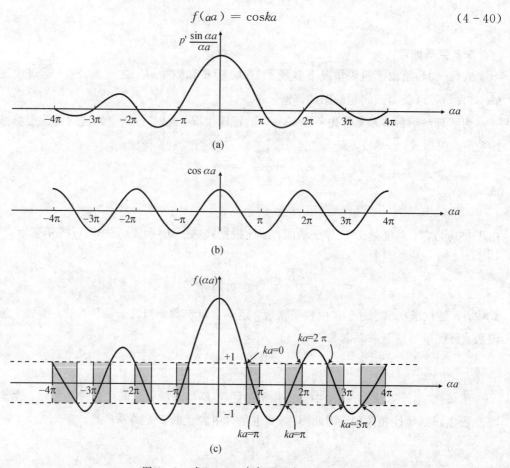

图 4-9　式(4-39)中各项对应图形

为了使式(4-40)有效，函数 $f(\alpha a)$ 的值必须限制在 $+1$ 和 -1 之间。图 4-9(c)以阴影表示出了 $f(\alpha a)$ 和 αa 的有效值。另外，式(4-40)的右侧项 ka 的值也表示在图 4-9(c)中。

由式(4-26)即 $\alpha^2=2mE/\hbar^2$ 可知，参数 α 与粒子的总能量 E 有关。于是，根据图 4-9(c)得到粒子能量 E 对应波数 k 的函数图形。图 4-10 显示的正是该图形，同时还显示了粒子的允带概念。由于能量是不连续的，也就有了晶体中粒子的禁带概念。

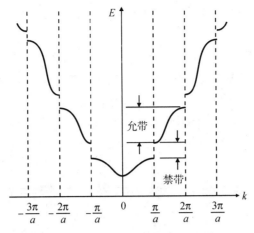

图 4 - 10　能量允带与禁带示意图一

由于式(4-34)中右侧的 $\cos ka$ 为余弦函数，因此有

$$\cos ka = \cos(ka + 2n\pi) = \cos(ka - 2n\pi) \tag{4-41}$$

其中 n 为正整数。

对于图 4 - 10,可以将曲线以 2π 为周期进行平移。在数学上,式(4-34)仍然成立。图 4 - 11 显示了将曲线的不同部分以 2π 为周期进行平移。图 4 - 12 显示了在区域 $-\pi/a < k < \pi/a$ 内的 $E\text{-}k$ 关系图。该图代表简约 k 空间曲线,或称简约布里渊区。

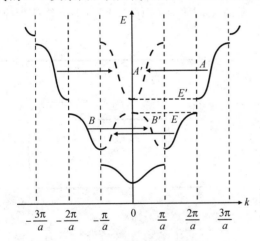
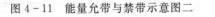
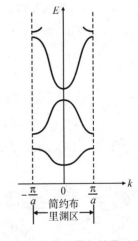

图 4 - 11　能量允带与禁带示意图二　　　　图 4 - 12　能量允带与禁带示意图三

值得注意的是,对于一个自由电子,式(4-37)中粒子的动量和波数 k 的关系是 $p = \hbar k$。如图 4 - 10 所示,自由电子的解与单晶中的结果具有类似的地方。单晶中的参数代表所谓的晶体动量,但并不是晶体中电子的真实动量,而是一个包含晶体内部相互作用的运动常量。

4.2.2　晶体中电的传导

基于刚刚讨论过的能带理论,本小节开始讨论电子在不同允带中的运动,引出有效质量的概念，并给出载流子在能带中的分布规律，为后续微扰理论应用进一步夯实理论基础。

1. 能带和键模型

前面讨论了 Si 的共价键，图 4-13 所示为单晶 Si 晶格共价键的二维示意图。图中显示了 $T=0K$ 时，每个 Si 原子周围有 8 个价电子，而这些价电子都处于最低能态并以共价键相结合。在 $T=0K$ 时，处于最低能带的价带完全被价电子填满。如图 4-13 所示，所有价电子都组成了共价键，而此时较高的能带（导带）$T=0K$ 则完全为空。

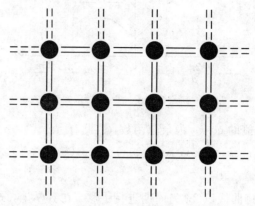

图 4-13　单晶 Si 晶格共价键的二维示意图

随着温度从 0K 上升，一些价带上的电子可能得到足够的热能，从而打破共价键并跃入导带。图 4-14(a)用二维示意图表示出了这种裂键效应，而图 4-14(b)用能带模型的简单线形示意图表示了相同的效应。

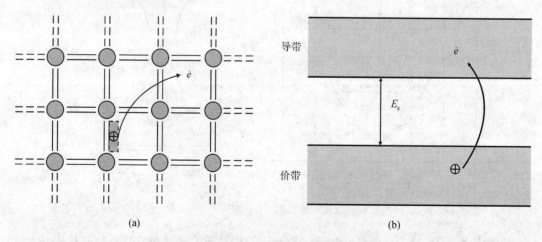

图 4-14　电子跃迁示意图

半导体是处于电中性的，这就意味着一旦带负电的电子脱离了原有的共价键位置，就会在价带中的同一位置产生一个带正电的空状态。随着温度的不断升高，更多的共价键被打破，越来越多的电子跃入导带，价带中也就相应产生了更多的带正电的空状态。也可以将这种键的断裂与 E-k 能带关系联系起来。

图 4-15(a)所示为 $T=0K$ 时导带和价带的 E-k 关系图。价带中的能态完全被填满，而

导带中的能态全为空。图 4 – 15(b)显示了 $T>0$ 时，一些电子得到足够的能量跃入了导带，同时在价带中留下了一些空状态。

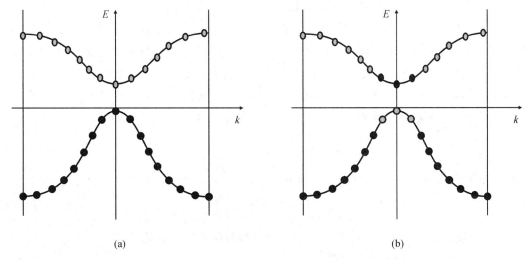

(a)　　　　　　　　　　　　　　　　(b)

图 4 – 15　价带电子跃迁至导带示意图

2. 有效质量

　　电流是由电荷的定向运动产生的。由于电子为带电粒子，因此，毫无意外，$T>0$ 时 Si 晶体跃入导带中电子的定向漂移就会产生电流。而值得注意的是，价电子在空状态中的移动完全可以等价为那些带正电的空状态自身的移动。图 4 – 16 所示是晶体中价电子填补一个空状态，同时产生一个新的空状态的交替运动。整个过程完全可以看成是一个正电荷在价带中运动。现在晶体中就有了第二种同样重要的可以形成电流的电荷载流子，这种电荷载流子称为空穴。

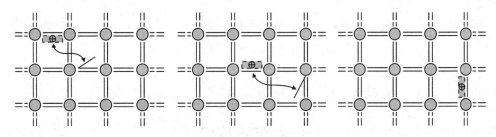

图 4 – 16　晶体中的交替运动

　　一般来说，电子和空穴在晶格中的运动与在自由空间中不同。外加作用力，以及晶体中的带正电荷的离子(比如质子)和带负电的电子所产生的内力，都会对它们在晶格中的运动产生影响。

　　因为很难一一考虑粒子所受的内力，所以将粒子的受力方程的大小写为

$$F_{ext} = m^* a \qquad\qquad (4 - 42)$$

式中，F_{ext} 为外力的大小，加速度 a 的大小直接与外力有关，参数 m^* 称为**有效质量**，它概括了粒子的质量以及内力的作用效果。

下面举一个类似的例子，以便理解有效质量的概念。考虑一下玻璃球在充满水的容器中和充满油的容器中运动的不同。一般来说，玻璃球在水中的下落速度要比在油中快。在该例中，外力就是重力，而内力与液体的黏滞度有关。正是由于在两种情况中玻璃球的运动不同，于是在两种液体中直观上表现出球的质量也不同。也可以将晶体中电子的有效质量与 $E\text{-}k$ 曲线联系起来，如图 4-12 所示。在半导体材料中，可以设想允带中几乎没有电子，而其他能带中却充满了电子。在讨论电子的有效质量之前，先考虑如图 4-8 所示的自由粒子的 $E\text{-}k$ 曲线。回顾式（4-38），能量和动量的关系为 $E = p^2/2m = \hbar^2 k^2/2m$，其中 m 为电子质量，动量和波数 k 的关系为 $p = \hbar k$。如果对式（4-38）的 k 求导，可得

$$\frac{\mathrm{d}E}{\mathrm{d}k} = \frac{\hbar^2 k}{m} = \frac{\hbar p}{m} \tag{4-43}$$

将动量与速度联系起来，式（4-43）可写为

$$\frac{1}{\hbar}\frac{\mathrm{d}E}{\mathrm{d}k} = \frac{p}{m} = v \tag{4-44}$$

式中，v 为粒子速度。可以看到 E 对 k 的一阶导数与粒子速度有关。

如果 E 对 k 求二阶导数，则有

$$\frac{\mathrm{d}^2 E}{\mathrm{d}k^2} = \frac{\hbar^2}{m} \tag{4-45}$$

可以将式（4-45）写为

$$\frac{1}{\hbar^2}\frac{\mathrm{d}^2 E}{\mathrm{d}k^2} = \frac{1}{m} \tag{4-46}$$

E 对 k 的二阶导数与粒子的质量成反比。对自由粒子来说，质量是个常数（非相对论效应），因此二阶导数也是个常量。从图 4-8 中还可观察到 $\dfrac{\mathrm{d}^2 E}{\mathrm{d}k^2}$ 是一个正值，这就意味着电子的质量也是一个正值。

如果将自由粒子放在一个电场中，运用牛顿经典运动方程，有力的大小方程

$$F = ma = -eE \tag{4-47}$$

式中，a 为加速度的大小，E 为外加电场的大小，e 为电子电量。解出加速度的大小为

$$a = \frac{-eE}{m} \tag{4-48}$$

因为电荷为负，所以电子的运动方向与外加电场的方向相反。

下面可能要用到一些允带底的电子的结论。允带中，接近能带底部的能量近似于一条抛物线，这和自由粒子有些类似，故其关系式可以写为

$$E - E_\mathrm{c} = C_1^2 \tag{4-49}$$

式中，E_c 为能带底部的能量。由于 $E > E_\mathrm{c}$，因此参数 C_1 是个正值。对式（4-49）的 k 求二阶导数 E，可得

$$\frac{\mathrm{d}^2 E}{\mathrm{d}k^2} = 2C_1 \tag{4-50}$$

也可将式（4-50）写为

$$\frac{1}{\hbar^2}\frac{\mathrm{d}^2 E}{\mathrm{d}k^2} = \frac{2C_1}{\hbar^2} \tag{4-51}$$

比较式(4-51)和式(4-46)，可以看到 $\hbar^2/2C_1$ 与粒子的质量等价。然而，从整体上说，允带中能带底部的曲线曲率与自由粒子的不同，可以写成

$$\frac{1}{\hbar^2}\frac{\mathrm{d}^2 E}{\mathrm{d}k^2} = \frac{2C_1}{\hbar^2} = \frac{1}{m^*} \tag{4-52}$$

式中，m^* 称为有效质量。由于 $C_1 > 0$，因此 $m^* > 0$。

有效质量是一个将量子力学结果与经典力学作用力方程结合起来的参数。对于大多数的情况，导带底的电子可以看成是运动符合牛顿力学规范的经典粒子，而将内力和量子力学特性都归纳为有效质量。如果给允带底的电子外加上一个电场，就可以将加速度的大小写为

$$a = \frac{-eE}{m_e^*} \tag{4-53}$$

式中，m_e^* 为电子的有效质量。类似地，价带顶的空穴也有一个有效质量 m_h^*。另外，接近导带底的电子有效质量 m_e^* 和接近价带顶的空穴有效质量均为一个常量。

3. 三维扩展

我们已经讨论了允带和禁带的基本理论以及有效质量的基本概念，现在把这些概念扩展到三维空间和真实晶体中。我们将定性地讨论三维晶体中的粒子特性，包括 E-k 关系曲线、禁带宽度以及有效质量。

首先遇到的问题是三维晶体势函数的扩展：在晶体中的不同方向上原子的间距都不同。图4-17 表示的是面心立方的[100]方向和[110]方向。电子在不同方向上运动就会遇到不同的势场，从而产生不同的 k 空间边界。晶体中的 E-k 关系基本上就是 k 空间方向的函数。

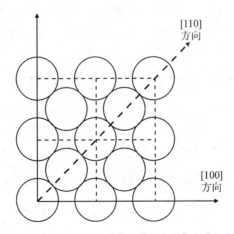

图4-17　面心立方的[100]方向和[110]方向

图4-18 所示为晶体 Si 的 E-k 关系曲线图，这种简化示意图可以描绘本书所要讨论的一些基本特性。可以看到，在图4-18 的 k 坐标轴的正负方向上，设定了两个不同的晶向。对一维模型来说，E-k 关系曲线在 k 坐标轴上是对称的，因此负半轴的信息完全可以由正

半轴得出。于是就可以将[100]方向的图形绘制在通常意义的$+k$轴上，而将[111]方向的图形绘制在指向左边的$-k$轴上。对于 Si 这种金刚石类型的晶格来说，价带的最大能量和导带的最小能量会出现在 $k=0$ 处或沿[100]方向上，最小的导带能量与最大的价带能量之间的差别定义为禁带宽度 E_g。

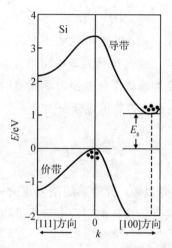

图 4 - 18　晶体 Si 的 $E\text{-}k$ 关系曲线图

根据统计学规律，晶体 Si 导带中的电子倾向于停留在能量最小处。同样，价带中的空穴也倾向于聚集在最大能量处。这样，$E\text{-}k$ 关系曲线图中导带最小值附近的曲率与电子的有效质量有关，而价带顶最大值附近的曲率与空穴的有效质量有关。空穴和电子的有效质量是晶体的重要参量，其大小可反映出微粒在同等电场力作用下运动的快慢。联系起来，若利用量子理论建立晶体 Si 导带底、价带顶附近 $E\text{-}k$ 关系曲线，再进一步二阶微分获得有效质量，我们就可以把这一重要的物理参量求解出来。下一节，我们便会讲解如何应用之前学过的微扰理论，建立晶体 Si 导带底、价带顶的 $E\text{-}k$ 关系物理模型。

4.3　定态微扰理论的应用

4.3.1　晶体 Si 导带的 $E\text{-}k$ 关系

单电子近似下，晶体 Si 的薛定谔方程可表示为

$$\left\{-\frac{\hbar^2}{2m_0}\nabla^2+U(\boldsymbol{r})\right\}\Psi(\boldsymbol{r})=E\Psi(\boldsymbol{r}) \tag{4-54}$$

式中，$U(\boldsymbol{r})$ 是晶体 Si 的晶格周期性势场。式(4-54)的本征函数具有布洛赫波函数形式，即

$$\Psi_{nk}(\boldsymbol{r})=\mathrm{e}^{\mathrm{i}\boldsymbol{k}\cdot\boldsymbol{r}}u_{nk}(\boldsymbol{r}) \tag{4-55}$$

式中，n 是能带指标，波矢 $\boldsymbol{k}$ 在整个布里渊区内变化。

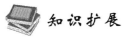 **知识扩展**

　　魏格纳-塞兹布里渊区(第一布里渊区)的定义为：首先作晶体的倒格子，任选一倒格点为原点，由原点到最近及次近的倒格点引倒格矢，然后作倒格矢的垂直平分面，这些面所围成的最小多面体就是第一布里渊区。

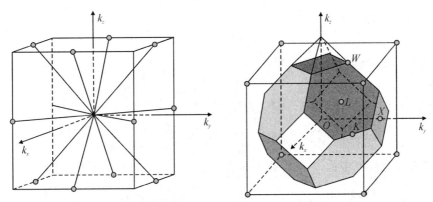

魏格纳-塞兹布里渊区

　　将式(4-55)代入式(4-54)，因为

$$\nabla^2\left[e^{i\boldsymbol{k}\cdot\boldsymbol{r}}u_{n\boldsymbol{k}}(\boldsymbol{r})\right]=(-\boldsymbol{k}^2+2i\boldsymbol{k}\,\nabla+\nabla^2)e^{i\boldsymbol{k}\cdot\boldsymbol{r}}u_{n\boldsymbol{k}}(\boldsymbol{r}) \tag{4-56}$$

最终得到

$$\left\{\frac{\hat{\boldsymbol{p}}^2}{2m_0}+\frac{\hbar}{m_0}\boldsymbol{k}\cdot\hat{\boldsymbol{p}}+\frac{\hbar^2\boldsymbol{k}^2}{2m_0}+U(\boldsymbol{r})\right\}u_{n\boldsymbol{k}}(\boldsymbol{r})=H_{\boldsymbol{k}}u_{n\boldsymbol{k}}(\boldsymbol{r})=E_n(\boldsymbol{k})u_{n\boldsymbol{k}}(\boldsymbol{r}) \tag{4-57}$$

式中，$\hat{\boldsymbol{p}}=-i\hbar\nabla$ 是动量算符。

　　用零级波函数在 6 个能谷极值中的任意一个 $\boldsymbol{k}_0^i(i=1\sim6)$ 处展开 $u_{n\boldsymbol{k}}(\boldsymbol{r})$，可得

$$u_{n\boldsymbol{k}}(\boldsymbol{r})=u_n(\boldsymbol{k},\boldsymbol{r})=\sum_j a_{nj}u_j(\boldsymbol{k}_0,\boldsymbol{r})=u_{j\boldsymbol{k}_0}(\boldsymbol{r}) \tag{4-58}$$

同时，将式(4-57)写为 $\boldsymbol{k}_0^i$ 的表象形式

$$(H_{\boldsymbol{k}_0^i}+H_{\boldsymbol{k}\cdot\hat{\boldsymbol{p}}})u_{n\boldsymbol{k}}(\boldsymbol{r})=\left[E_n(\boldsymbol{k})-\frac{\hbar^2(\boldsymbol{k}^2-\boldsymbol{k}_0^{i\,2})}{2m_0}\right]u_{n\boldsymbol{k}}(\boldsymbol{r}) \tag{4-59}$$

式中，

$$H_{\boldsymbol{k}_0^i}=\frac{\hat{\boldsymbol{p}}^2}{2m_0}+\frac{\hbar}{m_0}\boldsymbol{k}_0^i\cdot\hat{\boldsymbol{p}}+\frac{\hbar^2\boldsymbol{k}_0^{i\,2}}{2m_0}+U(\boldsymbol{r}) \tag{4-60}$$

$$H_{\boldsymbol{k}\cdot\hat{\boldsymbol{p}}}=\frac{\hbar}{m_0}(\boldsymbol{k}-\boldsymbol{k}_0^i)\cdot\hat{\boldsymbol{p}}=\frac{\hbar}{m_0}\Delta\boldsymbol{k}\cdot\hat{\boldsymbol{p}} \tag{4-61}$$

$H_{\boldsymbol{k}_0^i}$ 项可看作零级哈密顿量，若极值附近 $\boldsymbol{k}-\boldsymbol{k}_0^i=\Delta\boldsymbol{k}$ 足够小，则 $H_{\boldsymbol{k}\cdot\hat{\boldsymbol{p}}}(\boldsymbol{k}-\boldsymbol{k}_0)$ 项可视为微扰。于是可以用 $\boldsymbol{k}\cdot\hat{\boldsymbol{p}}$ 微扰法得到 $\boldsymbol{k}=\boldsymbol{k}_0^i+\Delta\boldsymbol{k}$ 处的解，这也是 $\boldsymbol{k}\cdot\hat{\boldsymbol{p}}$ 微扰法名字的由来。基于以上分析，将式(4-58)代入式(4-57)，方程两边左乘 $u_{n\boldsymbol{k}_0^i}^*$，并在整个布里渊区内积分，得到

$$\sum_j\left\{\left[E_n^i(\boldsymbol{k}_0^i)+\frac{\hbar^2(\boldsymbol{k}^2-\boldsymbol{k}_0^{i\,2})}{2m_0}\right]\delta_{nj}+\frac{\hbar}{m_0}(\boldsymbol{k}-\boldsymbol{k}_0^i)\cdot\boldsymbol{p}_{nj}(\boldsymbol{k}_0^i)\right\}a_{nj}=E_n^i(\boldsymbol{k})a_{nj} \tag{4-62}$$

$$\boldsymbol{p}_{nj}(\boldsymbol{k}_0^i)=\langle u_{n\boldsymbol{k}_0^i}\mid\hat{\boldsymbol{p}}\mid u_{j\boldsymbol{k}_0^i}\rangle=\int_{\Omega_0}u_{n\boldsymbol{k}_0^i}^*\,\hat{\boldsymbol{p}}u_{j\boldsymbol{k}_0^i}\,\mathrm{d}\boldsymbol{r} \tag{4-63}$$

应用非简并微扰理论，可得式(4-64)：

$$E_n^i(\boldsymbol{k}) = E_n^i(\boldsymbol{k}_0^i) + E_n^{i\,\prime}(\boldsymbol{k}_0^i) + E_n^{i\,\prime\prime}(\boldsymbol{k}_0^i)$$

$$= E_n^i(\boldsymbol{k}_0^i) + \frac{\hbar^2(k^2 - k_0^{i\,2})}{2m_0} + \frac{\hbar}{m_0}(\boldsymbol{k} - \boldsymbol{k}_0^i) \cdot \boldsymbol{p}_{nj}(\boldsymbol{k}_0^i)$$

$$+ \frac{\hbar^2}{m_0^2} \sum_{j,n} \frac{(\boldsymbol{k} - \boldsymbol{k}_0^i) \cdot \boldsymbol{p}_{nj}(\boldsymbol{k}_0^i)(\boldsymbol{k} - \boldsymbol{k}_0^i) \cdot \boldsymbol{p}_{jn}(\boldsymbol{k}_0^i)}{E_n^i(\boldsymbol{k}_0^i) - E_j^i(\boldsymbol{k}_0^i)} \qquad (4-64)$$

因为 $\boldsymbol{k}_0^i$ 是极值点，即

$$(\boldsymbol{\nabla}_k E_n^i)_{k=k_0^i} = 0 \qquad (4-65)$$

将式(4-68)与式(4-62)联立，可得

$$\boldsymbol{p}_{nj}(\boldsymbol{k}_0^i) + \hbar\, \boldsymbol{k}_0^i = 0 \qquad (4-66)$$

因此，式(4-64)中一级修正项 $E_n^{i\,\prime}(\boldsymbol{k}_0^i)$ 为零。这样，第 n 能带中 k 态的能量二级近似为

$$E_n^i(\boldsymbol{k}) = E_n^i(\boldsymbol{k}_0^i) + \frac{\hbar^2}{2} \sum_{j,n} \frac{\Delta \boldsymbol{k} \cdot \boldsymbol{p}_{nj}(\boldsymbol{k}_0^i) \cdot \Delta \boldsymbol{k} \cdot \boldsymbol{p}_{jn}(\boldsymbol{k}_0^i)}{E_n^i(\boldsymbol{k}_0^i) - E_j^i(\boldsymbol{k}_0^i)} \qquad (4-67)$$

最后，经过下列过程可将式(4-67)化为显含有效质量的表达式，具体如下：

$$E_n^i(\boldsymbol{k}) = E_n^i(\boldsymbol{k}_0^i) + \frac{\hbar^2}{2} \sum_{\alpha,\beta=1}^{3} \left(\frac{1}{m_{\alpha\beta}^i}\right)_n (k_\alpha^i - k_{0\alpha}^i)(k_\beta^i - k_{0\beta}^i) \qquad (4-68)$$

$$\left(\frac{1}{m_{\alpha\beta}^i}\right)_n = \frac{\delta_{\alpha\beta}}{m_0} + \frac{2}{m_0^2} \sum_{n,j} \frac{p_{nj}^\alpha(\boldsymbol{k}_0^i) p_{jn}^\beta(\boldsymbol{k}_0^i)}{E_n^i(\boldsymbol{k}_0^i) - E_j^i(\boldsymbol{k}_0^i)} \qquad (4-69)$$

$p_{nj}^\alpha(\boldsymbol{k}_0^i)$ 是 $\boldsymbol{p}_{nj}(\boldsymbol{k}_0^i)$ 的第 α 个元素(指标 α，β 指坐标系 x，y，z)。

进一步化简式(4-68)，可得晶体 Si 的导带 Δ^i 的能谷 E-k 关系为

$$E^i(\boldsymbol{k}) = E_c(\boldsymbol{k}_0) + \frac{\hbar^2}{2}\left[\frac{(k_x - k_{0x}^i)^2}{m_x^*} + \frac{(k_y - k_{0y}^i)^2}{m_y^*} + \frac{(k_z - k_{0z}^i)^2}{m_z^*}\right] \qquad (4-70)$$

式中，$E_c(\boldsymbol{k}_0)$ 为弛豫 Si 导带底能谷能级，$(k_{0x}^i, k_{0y}^i, k_{0z}^i)$ 为导带底能谷能级 $\boldsymbol{k}$ 矢的位置，m_x^*，m_y^*，m_z^* (或者为 m_l，m_t) 为晶体 Si 导带能谷的有效质量。

知识扩展

Si 的导带沿 $\langle 100 \rangle$ 方向共有 6 个极小值，在极小值附近等能面为旋转椭球面。

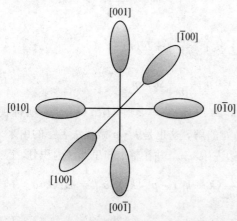

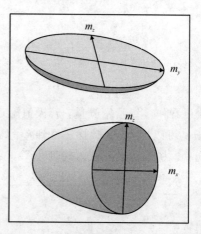

<100>方向的6个极小值(立体图)　　　　极小值附近等能面

4.3.2　晶体 Si 价带的 $E\text{-}k$ 关系

晶体 Si 价带结构模型属于简并的能带情况，需要采用 $\boldsymbol{k}\cdot\hat{\boldsymbol{p}}$ 微扰理论中能级简并方式分析。

假设第 n 能带是 f_n 度简并的，即

$$\langle H_0 \mid \varphi_n(\boldsymbol{k}_0, \boldsymbol{r})\rangle = \langle E_n(\boldsymbol{k}_0) \mid \varphi_n(\boldsymbol{k}_0, \boldsymbol{r})\rangle \qquad (4-71)$$

为了求得二级微扰能量 $E^{(2)}(\boldsymbol{k})$，必须有含一级微扰修正的波函数，波函数表示如下：

$$u_{n_v}(\boldsymbol{k}, \boldsymbol{r}) = u_{n_v}(\boldsymbol{k}_0, \boldsymbol{r}) + \sum_{m\neq n} \frac{\langle u_{n_v}(\boldsymbol{k}_0, \boldsymbol{r}) \mid H_{\boldsymbol{k}\cdot\hat{\boldsymbol{p}}} \mid u_m(\boldsymbol{k}_0, \boldsymbol{r})\rangle}{E_n(\boldsymbol{k}_0) - E_m(\boldsymbol{k}_0)} u_m(\boldsymbol{k}_0, \boldsymbol{r}), n_v = 1, 2, \cdots, f_n$$
$$(4-72)$$

于是可令 $\boldsymbol{k}$ 处波函数为

$$u(\boldsymbol{k}, \boldsymbol{r}) = \sum_{n_v=1}^{f_n} a_{n_v} u_{n_v}(\boldsymbol{k}_0, \boldsymbol{r}) \qquad (4-73)$$

系数 a_{n_v} 及二级能量修正 $E^{(2)}(\boldsymbol{k})$ 可由下述矩阵方程决定

$$H_{\boldsymbol{k}\cdot\hat{\boldsymbol{p}}} u(\boldsymbol{k}, \boldsymbol{r}) = E^{(2)}(\boldsymbol{k}) u(\boldsymbol{k}, \boldsymbol{r}) \qquad (4-74)$$

此方程已经选取 $E_n(\boldsymbol{k}_0)$ 为能量计算的起点，由此可得线性方程组

$$\sum_{n_v'}^{f_n} \left\{ \sum_m{}' \frac{\langle n_v \mid H_{\boldsymbol{k}\cdot\hat{\boldsymbol{p}}} \mid m\rangle\langle m \mid H_{\boldsymbol{k}\cdot\hat{\boldsymbol{p}}} \mid n_v\rangle}{E_n(\boldsymbol{k}_0) - E_m(\boldsymbol{k}_0)} - E^{(2)}(\boldsymbol{k})\delta_{n_v n_v'} \right\} a_{n_v'} = 0 \qquad (4-75)$$

式中，$\sum\limits_m{}'$ 表示对所有 $E_n(\boldsymbol{k}_0) - E_m(\boldsymbol{k}_0) \neq 0$ 的态求和。这个方程组有非平庸解的条件是其系数行列式等于零，故有

$$\left| \sum_m{}' \frac{\langle n_v \mid H_{\boldsymbol{k}\cdot\hat{\boldsymbol{p}}} \mid m\rangle\langle m \mid H_{\boldsymbol{k}\cdot\hat{\boldsymbol{p}}} \mid n_v\rangle}{E_n(\boldsymbol{k}_0) - E_m(\boldsymbol{k}_0)} - E^{(2)}(\boldsymbol{k})\delta_{n_v n_v'} \right| = 0 \qquad (4-76)$$

式中，

$$\langle n_v \mid H_{\boldsymbol{k}\cdot\hat{\boldsymbol{p}}} \mid m\rangle = \langle u_{n_v}(\boldsymbol{k}_0, \boldsymbol{r}) \mid H_{\boldsymbol{k}\cdot\hat{\boldsymbol{p}}} \mid u_m(\boldsymbol{k}_0, \boldsymbol{r})\rangle \qquad (4-77)$$

由式 $(4-76)$ 即可求得 $E^{(2)}(\boldsymbol{k})$。

晶体 Si 的价带顶在 Γ 点 $(\boldsymbol{k}_0=0)$ 处，是三度简并状态。这些状态 $u_{n_v}(\boldsymbol{k}_0, \boldsymbol{r}) = \phi_v(\boldsymbol{r})$ 依下列函数方式变换：

$$\begin{cases} \phi_1 \sim yzf(\boldsymbol{r}) \\ \phi_2 \sim zxf(\boldsymbol{r}) \\ \phi_3 \sim xyf(\boldsymbol{r}) \end{cases} \qquad (4-78)$$

式 $(4-75)$ 的矩阵元为

$$D_{vv'} = \sum_m{}' \frac{\langle v \mid H_{\boldsymbol{k}\cdot\hat{\boldsymbol{p}}} \mid m\rangle\langle m \mid H_{\boldsymbol{k}\cdot\hat{\boldsymbol{p}}} \mid v'\rangle}{E_n(0) - E_m(0)} \qquad (4-79)$$

该二次式的形式不因分母 $E_n(0) - E_m(0)$ 而改变，因而

$$\sum_{m\neq v'} \langle v \mid H_{\boldsymbol{k}\cdot\hat{\boldsymbol{p}}} \mid m\rangle\langle m \mid H_{\boldsymbol{k}\cdot\hat{\boldsymbol{p}}} \mid v'\rangle = \langle v \mid H_{\boldsymbol{k}\cdot\hat{\boldsymbol{p}}}^2 \mid v'\rangle \qquad (4-80)$$

由于

$$\boldsymbol{k} \cdot \hat{\boldsymbol{p}} = -\hbar^2 \left\{ k_x^2 \frac{\partial^2}{\partial x^2} + k_y^2 \frac{\partial^2}{\partial y^2} + k_z^2 \frac{\partial^2}{\partial z^2} + k_x k_y \frac{\partial^2}{\partial x \partial y} + \cdots \right\} \tag{4-81}$$

可以求得

$$\langle \phi_1 \mid \boldsymbol{k} \cdot \hat{\boldsymbol{p}} \mid \langle \phi_1 \mid \sim k_x^2 \int yzfyz \left[\frac{f'}{r} - \frac{2x^2}{r^2}(f' - f'') \right] \mathrm{d}r$$
$$+ k_y^2 \int yzfyz \left[\frac{3f'}{r} - \frac{2y^2}{r^2}(f' - f'') \right] \mathrm{d}r$$
$$+ k_z^2 \int yzfyz \left[\frac{3f'}{r} - \frac{2y^2}{r^2}(f' - f'') \right] \mathrm{d}r$$
$$+ k_x k_y \int yzfxz \left[\frac{f'}{r} - \frac{2y^2}{r^2}(f' - f'') \right] \mathrm{d}r$$
$$+ \cdots \tag{4-82}$$

式中,

$$f' = \frac{\partial f}{\partial r}, \ f'' = \frac{\partial^2 f^2}{\partial r^2} \tag{4-83}$$

由式(4-82)可知,$k_x k_y$ 项的被积函数是坐标分量 xy 的奇函数,积分等于零。同理,$k_y k_z$ 和 $k_z k_x$ 项的积分也都等于零,而 k_y^2 项和 k_z^2 项的积分相等,但不同于 k_x^2 项的积分,因此

$$D_{11} = Lk_x^2 + M(k_y^2 + k_z^2) \tag{4-84}$$

同理,$\langle \phi_1 \mid (\boldsymbol{k} \cdot \hat{\boldsymbol{p}})^2 \mid \phi_2 \rangle \sim k_x k_y$,其余等于零。于是,$H_{\boldsymbol{k} \cdot \hat{\boldsymbol{p}}}$ 所确定的二级微扰矩阵 $\boldsymbol{D}$ 具有下列形式:

$$\boldsymbol{D} = \begin{pmatrix} Lk_x^2 + M(k_y^2 + k_z^2) & Nk_x k_y & Nk_x k_z \\ Nk_x k_y & Lk_y^2 + M(k_z^2 + k_x^2) & Nk_y k_z \\ Nk_x k_z & Nk_y k_z & Lk_z^2 + M(k_x^2 + k_y^2) \end{pmatrix} \tag{4-85}$$

式中,L、M、N 三个参数值可以由繁琐的理论方法获得,也可以通过相关实验获得,其表达式如下

$$L = \frac{\hbar^2}{2m} + \frac{\hbar^2}{m} \sum_m{}' \frac{\langle \phi_1 \mid p_x \mid m \rangle \langle m \mid p_x \mid \phi_1 \rangle}{E_n(0) - E_m(0)}$$

$$M = \frac{\hbar^2}{2m} + \frac{\hbar^2}{m} \sum_m{}' \frac{\langle \phi_1 \mid p_y \mid m \rangle \langle m \mid p_y \mid \phi_1 \rangle}{E_n(0) - E_m(0)} \tag{4-86}$$

$$N = \frac{\hbar^2}{m} \sum_m{}' \frac{\langle \phi_1 \mid p_x \mid m \rangle \langle m \mid p_y \mid \phi_1 \rangle + \langle \phi_1 \mid p_y \mid m \rangle \langle m \mid p_x \mid \phi_1 \rangle}{E_n(0) - E_m(0)}$$

图 4-19 展示了通过式(4-85)对应的久期方程获得的晶体 Si 价带 E-k 关系。图中 HH 为重空穴带,LH 为轻空穴带,SO 为自旋轨道耦合分裂空穴带。还要说明的是,此结果并非实际的晶体 Si 价带 E-k 关系,真实的晶体 Si 价带 E-k 关系还要考虑自旋轨道耦合作用对能带结构的影响。

在讨论自旋轨道耦合作用对晶体 Si 能带结构的影响前,有必要先引入自旋的概念。许多实验事实证明电子具有自旋性质,一个最典型的例子就是 Stern-Gerlach 实验。

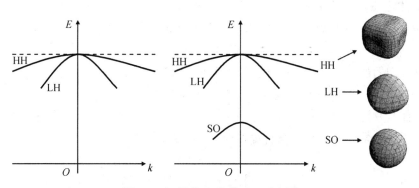

图 4-19 晶体 Si 价带 $E\text{-}k$ 示意图

图 4-20 中由 K 射出的处于 s 态的氢原子束通过狭缝 BB' 和不均匀磁场,最后射到照片 PP' 上,实验结果是照片上出现两条分立的线。这说明氢原子具有磁矩,所以原子束通过非均匀磁场时受到力的作用而发生偏转;而且由分立线只有两条这一结论可知,原子的磁矩在磁场中只有两种取向,即它们是空间量子化的。

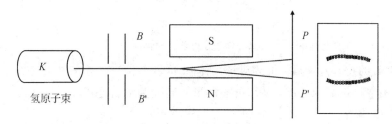

图 4-20 Stern-Gerlach 实验示意图

由光谱线的精细结构也可得出电子具有自旋性质的结论。应用分辨率较高的分光镜可以观察到钠原子光谱中 $2p \to 1s$ 的谱线是由两条靠得很近的谱线组成,如图 4-21 所示。在其他原子光谱中也可以发现这种由一些更细的谱线所组成的谱线。这种结构称为光谱线的精细结构。只有考虑了电子的自旋,光谱线的精细结构才能得到解释。

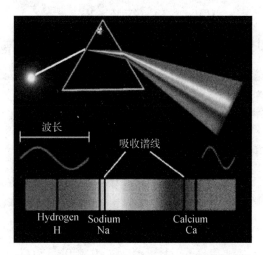

图 4-21 钠原子光谱中 $2p \to 1s$ 的谱线示意图

　　根据上述论述，很容易理解晶体 Si 价带在考虑自旋后能带结构会有变化这一事实。在量子力学中，该问题的求解涉及自旋角动量与轨道角动量耦合为总角动量的问题，如图 4 - 22 所示。下面本书将简要叙述考虑自旋后晶体 Si 价带结构的求解思路，给出必要的推算。至于自旋问题的详细讲解，我们会在高等量子力学中予以讨论。

　　在图 4 - 22(a) 中，Λ 和 Σ 分别为轨道角动量和自旋角动量各自在分子轴上的投影，二者合成 Ω。Ω 与核转角动量 R 构成分子的总角动量 J。在图 4 - 22(b) 中，Λ 和 R 合成除自旋的总角动量 N，N 与 S 合成包括自旋在内的总角动量 J。

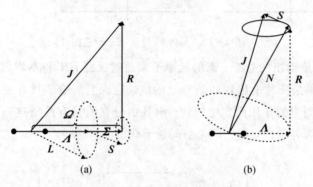

(a)　　　　　　　　　　　　(b)

图 4 - 22　总角动量的合成

　　补充了自旋的物理意义后，继续讨论晶体 Si 价带结构。在考虑电子自旋效应以后，式 (4 - 85) 的基函数将扩展为 6 维，从单群态的形式转变为双群态的形式。因此，微扰项的矩阵形式将相应变化为

$$H^0_{k\cdot\hat{p}} = \begin{bmatrix} D & 0_{3\times3} \\ 0_{3\times3} & D \end{bmatrix} \tag{4-87}$$

同时，除了 $k\cdot\hat{p}$ 这一微扰项之外，还要考虑自旋轨道耦合作用对能带的影响。

　　晶体电子中的自旋轨道耦合的微扰矩阵 H_{SO} 为

$$H_{SO} = \frac{\hbar}{4m^2c^2}(\nabla V \times P)\cdot\sigma \tag{4-88}$$

式中，V 是无应变晶体的自洽周期势能，P 为动量，σ 的三个分量是泡利自旋矩阵，即

$$\sigma_x = \begin{bmatrix} 0 & 1 \\ 1 & 0 \end{bmatrix}, \quad \sigma_y = \begin{bmatrix} 0 & -i \\ i & 0 \end{bmatrix}, \quad \sigma_z = \begin{bmatrix} 1 & 0 \\ 0 & -1 \end{bmatrix} \tag{4-89}$$

自旋轨道耦合的微扰矩阵形式如下

$$H_{SO} = -\frac{\Delta}{3} \begin{bmatrix} 0 & i & 0 & 0 & 0 & -1 \\ -i & 0 & 0 & 0 & 0 & i \\ 0 & 0 & 0 & 1 & -i & 0 \\ 0 & 0 & 1 & 0 & -i & 0 \\ 0 & 0 & i & i & 0 & 0 \\ -1 & -i & 0 & 0 & 0 & 0 \end{bmatrix} \tag{4-90}$$

完整的微扰可以表示为

$$\boldsymbol{H}_k = \boldsymbol{H}_{k\cdot\hat{p}}^0 + \boldsymbol{H}_{\mathrm{SO}} \tag{4-91}$$

为了获得 $\boldsymbol{H}_k$ 的本征值，要将坐标表象变化为总角动量表象。这样做的目的是可以使微扰矩阵变为一个对称的结构，方便计算，且物理意义明确。

$$\boldsymbol{H}=\begin{pmatrix} \dfrac{H_{11}+H_{22}}{2} & -\dfrac{H_{13}-iH_{23}}{\sqrt{3}} & \dfrac{H_{13}-iH_{23}}{\sqrt{6}} & 0 & -\dfrac{H_{11}-H_{22}-2iH_{12}}{\sqrt{12}} & -\dfrac{H_{11}-H_{22}-2iH_{12}}{\sqrt{6}} \\ -\dfrac{H_{13}+iH_{23}}{\sqrt{3}} & \dfrac{H_{11}+H_{22}+4H_{33}}{6} & \dfrac{H_{11}+H_{22}-2H_{33}}{\sqrt{18}} & \dfrac{H_{11}-H_{22}-2iH_{12}}{\sqrt{12}} & 0 & \dfrac{H_{13}-2iH_{23}}{\sqrt{2}} \\ \dfrac{H_{13}+iH_{23}}{\sqrt{6}} & \dfrac{H_{11}+H_{22}-2H_{33}}{\sqrt{18}} & \dfrac{H_{11}+H_{22}+H_{33}}{3}-\Delta & \dfrac{H_{11}-H_{22}-2iH_{12}}{\sqrt{6}} & -\dfrac{H_{13}-2H_{23}}{\sqrt{2}} & 0 \\ 0 & \dfrac{H_{11}+H_{22}-2iH_{12}}{\sqrt{12}} & \dfrac{H_{11}-H_{22}+2iH_{12}}{\sqrt{6}} & \dfrac{H_{11}+H_{22}}{2} & -\dfrac{H_{13}+iH_{23}}{\sqrt{3}} & \dfrac{H_{13}+iH_{23}}{\sqrt{6}} \\ -\dfrac{H_{11}-H_{22}+2iH_{12}}{\sqrt{12}} & 0 & -\dfrac{H_{13}+iH_{23}}{\sqrt{2}} & -\dfrac{H_{13}-iH_{23}}{\sqrt{3}} & \dfrac{H_{11}+H_{22}+4H_{33}}{6} & \dfrac{H_{11}+H_{22}-2H_{33}}{\sqrt{12}} \\ -\dfrac{H_{11}-H_{22}+2iH_{12}}{\sqrt{6}} & \dfrac{H_{13}+iH_{23}}{\sqrt{2}} & 0 & \dfrac{H_{13}-iH_{23}}{\sqrt{6}} & \dfrac{H_{11}+H_{22}-2H_{33}}{\sqrt{12}} & \dfrac{H_{11}+H_{22}+H_{33}}{3}-\Delta \end{pmatrix}$$

$$\tag{4-92}$$

为了获得晶体 Si 的价带，可以近似地将上述的 6×6 的矩阵分解为一个 4×4 和一个 2×2 的矩阵，矩阵中略去的项只对 k^4 项有贡献，对整体结果影响不大。它们所对应的基函数分别为

$$\left|\frac{3}{2},\frac{3}{2}\right\rangle,\ \left|\frac{3}{2},\frac{1}{2}\right\rangle,\ \left|\frac{3}{2},-\frac{1}{2}\right\rangle,\ \left|\frac{3}{2},-\frac{3}{2}\right\rangle,\ \left|\frac{1}{2},\frac{1}{2}\right\rangle,\ \left|\frac{1}{2},\pm\frac{1}{2}\right\rangle$$

式中，$\left|\dfrac{3}{2},\pm\dfrac{3}{2}\right\rangle$、$\left|\dfrac{3}{2},\pm\dfrac{1}{2}\right\rangle$ 和 $\left|\dfrac{1}{2},\pm\dfrac{1}{2}\right\rangle$ 分别对应二度简并的重空穴带、轻空穴带和自旋轨道耦合分裂空穴带。

4×4 和 2×2 的矩阵表示如下：

$$\boldsymbol{H}_{\text{H-L}}=\begin{pmatrix} \dfrac{H_{11}+H_{22}}{2} & -\dfrac{H_{13}-iH_{23}}{\sqrt{3}} & -\dfrac{H_{11}-H_{22}-2iH_{12}}{\sqrt{12}} & 0 \\ -\dfrac{H_{13}+iH_{23}}{\sqrt{3}} & \dfrac{H_{11}+H_{22}+4H_{33}}{6} & 0 & \dfrac{H_{11}-H_{22}-2iH_{12}}{\sqrt{12}} \\ -\dfrac{H_{11}-H_{22}+2iH_{12}}{\sqrt{12}} & 0 & \dfrac{H_{11}+H_{22}+4H_{33}}{6} & -\dfrac{H_{13}+iH_{23}}{\sqrt{3}} \\ 0 & \dfrac{H_{11}-H_{22}-2iH_{12}}{\sqrt{12}} & -\dfrac{H_{13}-iH_{23}}{\sqrt{3}} & \dfrac{H_{11}+H_{22}}{2} \end{pmatrix} \tag{4-93}$$

$$\boldsymbol{H}_{\mathrm{SO}}=\begin{pmatrix} \dfrac{H_{11}+H_{22}+H_{33}}{3}-\Delta & 0 \\ 0 & \dfrac{H_{11}+H_{22}+H_{33}}{3}-\Delta \end{pmatrix} \tag{4-94}$$

式中，$\boldsymbol{H}_{\text{H-L}}$ 表示重和轻空穴带的微扰矩阵。由式(4-93)、式(4-94)可得晶体 Si 重空穴带、轻空穴带和自旋轨道耦合分裂空穴带的能量在 k 空间的表达形式：

$$E_{\text{HH}} = Ak^2 - \left[B^2k^4 + C^2(k_x^2k_y^2 + k_y^2k_z^2 + k_z^2k_x^2)\right]^{1/2} \tag{4-95(a)}$$

$$E_{\text{LH}} = Ak^2 + \left[B^2k^4 + C^2(k_x^2k_y^2 + k_y^2k_z^2 + k_z^2k_x^2)\right]^{1/2} \tag{4-95(b)}$$

$$E_{\text{SO}} = \Delta + Ak^2 \tag{4-95(c)}$$

式中，

$$\begin{cases} A = \dfrac{1}{3}(L + 2M) + \dfrac{\hbar}{2m} \\[2mm] B = \dfrac{1}{3}(L - M) \\[2mm] C^2 = \dfrac{1}{3}\left[N^2 - (L - M)^2\right] \end{cases} \tag{4-96}$$

实验得出晶体 Si 价带的有关参数如表 4-1 所示。

表 4-1　实验得出晶体 Si 价带的有关参数

	A	B	C	Δ/eV
Si	4.27	0.63	4.93	0.044

　　基于式(4-95)的结果，我们可以绘制晶体 Si 的价带结构，图 4-23 为晶体 Si 沿不同晶向的价带结构。晶体 Si 价带结构是各向异性的，沿不同 k 坐标轴(例如[001]、[101]、[111]三个典型晶向族方向)的能带曲率不同，而各晶向族中的各个晶向的能带曲率是相同的。

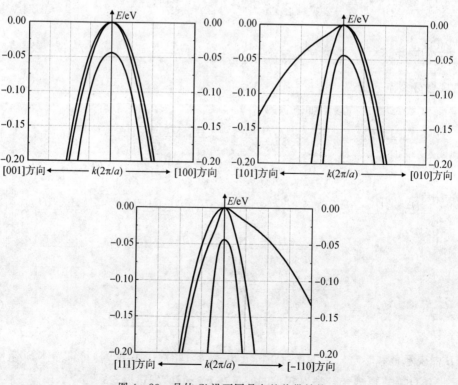

图 4-23　晶体 Si 沿不同晶向的价带结构

等能面可以直观反映晶体 Si 价带空穴有效质量的各向异性。图 4-24 是晶体 Si 重空穴带(HH)、轻空穴带(LH)和自旋轨道耦合分裂空穴带(SO)的二维等能图。每幅图上的曲线沿不同方向的曲率不尽相同，可反映出晶体 Si 价带各子带空穴有效质量的各向异性。

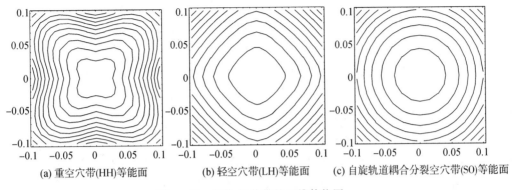

(a) 重空穴带(HH)等能面　　　(b) 轻空穴带(LH)等能面　　　(c) 自旋轨道耦合分裂空穴带(SO)等能面

图 4-24　晶体 Si 价带的二维等能图

三维等能面的显示效果更加直观，尤其是重空穴带有效质量的各向异性显著。图 4-25(a)和图 4-25(b)分别为晶体 Si 1meV 重空穴带、1meV 轻空穴带和 45meV 自旋轨道耦合分裂空穴带(二维、三维)等能图和晶体 Si 40meV 重空穴带、40meV 轻空穴带和 84meV 自旋轨道耦合分裂空穴带(二维、三维)等能图。由图可见，[001]、[101]、[111]三个典型晶向族方向的重空穴、轻空穴有效质量不同，且等能面能量越高，该结果越明显。

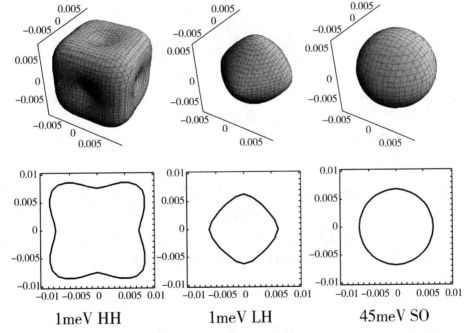

1meV HH　　　　　1meV LH　　　　　45meV SO

(a) 晶体Si 1 meV重空穴带、1meV轻空穴带和45meV自旋轨道耦合分裂空穴带(三维、二维)等能图

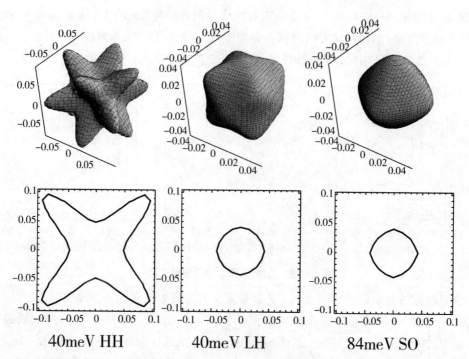

40meV HH　　　　　40meV LH　　　　　84meV SO

(b) 晶体 Si 40 meV重空穴带、40 meV轻空穴带和84meV自旋轨道耦合分裂空穴带(三维、二维)等能图

图 4 - 25　晶体 Si 重空穴带、轻空穴带、自旋轨道耦合分裂空穴带(二维、三维)等能图

4.4　与时间相关的微扰理论

本书在 4.1 节的定态微扰理论中讨论了分立能级的能量和波函数的修正，所讨论体系的哈密顿算符不含时间，因而求解的是定态薛定谔方程。

本节讨论体系哈密顿算符含有与时间有关的微扰的情况，即体系哈密顿算符 $\hat{H}(t)$ 由 $\hat{H}_0$ 和 $\hat{H}'(t)$ 两部分组成：

$$\hat{H}(t) = \hat{H}_0 + \hat{H}'(t) \tag{4-97}$$

式中，$\hat{H}_0$ 与时间无关，仅微扰部分 $\hat{H}'(t)$ 与时间有关。

通过与时间相关的一阶微扰理论，可获得晶体 Si 载流子散射的量子力学理论基础——费米(Fermi)黄金法则。该法则可给出两个特征态之间的跃迁概率。

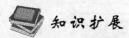　知识扩展

载流子的散射可分为电离杂质的散射、晶格振动的散射和其他因素引起的散射。(1)电离杂质的散射：给体杂质在电离后是一个带正电的离子，而受体杂质在电离后则是一个带负电的离子。正离子或负离子周围将形成一个库仑势场，载流子将受到这个库仑场的作用，即散射。(2) 晶格振动的散射：光学波和声学波散射。随着温度的增加，晶格振动的散射越来越显著，而

电离杂质的散射就变得不显著。(3) 其他因素引起的散射：等同的能谷间散射、中性杂质散射、位错散射、合金散射。另外，载流子之间也有散射作用，但这种散射只在强简并时才显著。

对于晶体 Si 来说，在电场力的作用下，晶体中电子和空穴的净流动将产生电流，我们把载流子的这种运动过程称为输运。如果电场恒定，那么漂移速度应随着时间线性增加。但是，晶体 Si 中的载流子会与电离杂质原子和晶格热振动原子发生碰撞。当这些碰撞或散射发生时，载流子损失了大部分或全部能量。然后粒子将重新开始加速并且获得能量，直到下一次散射。这一过程不断重复，因此，在整个输运过程中，粒子将具有一个平均漂移速度。图 4-26 表示载流子的曲折向前运动。

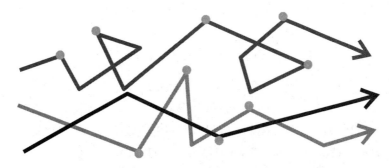

图 4-26　载流子的曲折向前运动

下面从薛定谔方程出发，先推导与时间相关的一阶微扰理论，然后进一步给出费米黄金法则。

$$i\hbar \frac{\partial \Psi(\boldsymbol{r},\ t)}{\partial t} = (\hat{H}_0 + \hat{H}')\Psi(\boldsymbol{r},\ t) \tag{4-98}$$

设 $\hat{H}_0$ 的本征函数 ϕ_k 为

$$\hat{H}_0 \phi_k = E_k \phi_k \tag{4-99}$$

将 Ψ 按 $\hat{H}_0$ 与时间的相关波函数 $\Phi_k = \phi_k e^{-\frac{i}{\hbar}E_k t}$ 展开：

$$\Psi = \sum_k a_k(t)\Phi_k \tag{4-100}$$

代入式(4-98)，得

$$i\hbar \sum_k \Phi_k \frac{da_k(t)}{dt} + i\hbar \sum_k a_k(t)\frac{\partial \Phi_k}{\partial t} = \sum_k a_k(t)\hat{H}_0 \Phi_k + \sum_k a_k(t)\hat{H}'\Phi_k \tag{4-101}$$

利用 $i\hbar \frac{\partial \Phi_k}{\partial t} = \hat{H}_0 \Phi_k$，消去式(4-101)左边第二项和右边第一项后，上式简化为

$$i\hbar \sum_k \Phi_k \frac{da_k(t)}{dt} = \sum_k a_k(t)\hat{H}'\Phi_k \tag{4-102}$$

以 $\Phi_{k'}^*$ 左乘式(4-102)两边，然后对 $\boldsymbol{r}$ 积分(积分区间 Ω 为晶体体积)，可得

$$i\hbar \sum_k \frac{da_k(t)}{dt}\int_\Omega \Phi_{k'}^* \Phi_k d\boldsymbol{r} = \sum_k a_k(t)\int_\Omega \Phi_{k'}^* \hat{H}' \Phi_k d\boldsymbol{r} \tag{4-103}$$

将 $\int \Phi_{k'}^* \Phi_k d\boldsymbol{r} = \delta_{k'k}$ 代入后，有

$$i\hbar \frac{da_{k'}(t)}{dt} = \sum_k a_k(t)\hat{H}'_{k'k} e^{i\omega_{k'k}t} \tag{4-104}$$

式中,

$$\hat{H}'_{k'k} = \int_\Omega \phi_{k'}^* \hat{H}' \phi_k \mathrm{d}r \tag{4-105}$$

是状态 k' 和 k 之间微扰势的矩阵元。

$$\omega_{k'k}' = \frac{1}{\hbar}(E_{k'} - E_k) \tag{4-106}$$

是体系从能级 E_k 跃迁到能级 $E_{k'}$ 的玻尔频率。

方程(4-104)是方程(4-98)通过方程(4-100)改写的结果,因而方程(4-104)就是薛定谔方程的另一种表示形式。现在,我们开始求方程(4-104)的解。

设微扰在 $t=0$ 时开始引入,这时,电子处于 $\hat{H}_0$ 的第 k 个本征态 Φ_k,则由式(4-100),有

$$\Phi_{k'} = \sum_k a_k(0)\Phi_k \tag{4-107}$$

即

$$a_k(0) = \delta_{kk'} \tag{4-108}$$

由于方程(4-104)的右边已含有一级微扰势的矩阵元 $\hat{H}'_{k'k}$,在只考虑一级近似而略去二级或更高级近似的情况下,我们把 $a_k(0)$ 作为 $a_k(t)$ 代入式(4-104)的右边,得到

$$\mathrm{i}\hbar \frac{\mathrm{d}a_{k'}(t)}{\mathrm{d}t} = \hat{H}'_{k'k} \mathrm{e}^{\mathrm{i}\omega_{k'k}t} \tag{4-109}$$

由此得出方程(4-104)的一级近似解为

$$a_{k'}(t) = \frac{1}{\mathrm{i}\hbar} \int_0^t \hat{H}'_{k'k} \mathrm{e}^{\mathrm{i}\omega_{k'k}t} \mathrm{d}t' \tag{4-110}$$

根据式(4-100),在 t 时刻发现电子处于 $\Phi_{k'}$ 态的概率是 $|a_{k'}(t)|^2$,所以电子在微扰作用下由初态 Φ_k 跃迁到终态 $\Phi_{k'}$ 的概率为

$$P_{k \to k'} = |a_{k'}(t)|^2 \tag{4-111}$$

式(4-100)对于与时间相关的微扰 $\hat{H}'(t)$ 同样适用。下面我们讨论 $\hat{H}'(t)$ 随时间简谐变化的情况(晶体 Si 中晶格散射就是这种情况。另外,当 t 取零时,离化杂质散射也是这种情况)。因为微扰 $\hat{H}'(t)$ 是一个实函数,所以我们假设微扰

$$\hat{H}'(t) = \hat{F}\cos\omega t = \hat{F}(\mathrm{e}^{\mathrm{i}\omega t} + \mathrm{e}^{-\mathrm{i}\omega t}) \tag{4-112}$$

从 $t=0$ 时开始作用于电子(体系)。式中,$\hat{F}$ 是与时间无关的微扰算符。$\hat{H}_0$ 的第 k 个本征态 ϕ_k 和第 k' 个本征态 $\phi_{k'}$ 之间的微扰矩阵元是

$$H'_{k'k} = \int_\Omega \phi_{k'}^* \hat{H}'(t)\phi_k \mathrm{d}r = F_{k'k}(\mathrm{e}^{\mathrm{i}\omega t} + \mathrm{e}^{-\mathrm{i}\omega t}) \tag{4-113}$$

式中,

$$F_{k'k} = \int_\Omega \phi_{k'}^* \hat{F}\phi_k \mathrm{d}r \tag{4-114}$$

将式(4-113)代入式(4-110)中,得

$$a_{k'}(t) = \frac{F_{k'k}}{\hbar} \left[\frac{\mathrm{e}^{\mathrm{i}(\omega_{k'k}+\omega)t} - 1}{\omega_{k'k} + \omega} + \frac{\mathrm{e}^{\mathrm{i}(\omega_{k'k}-\omega)t} - 1}{\omega_{k'k} - \omega} \right] \tag{4-115}$$

当 $\omega = \omega_{k'k}$ 时，式(4-115)右边第二项的分子分母都等于零。利用数学分析中求极限的法则，同时将分子与分母对($\omega_{k'k} - \omega$)求微商，可以得出这一项与 t 成比例。由于第一项不随时间增加，因而当 $\omega \approx \omega_{k'k}$ 时，仅第二项起主要作用。当 $\omega \approx -\omega_{k'k}$ 时，用相同的方法，可以得出与上述相反的结果，即第一项随时间的增加而加大，第二项却不随时间增加，所以这时起主要作用的是第一项。当 $\omega \neq \pm \omega_{k'k}$ 时，式(4-115)右边两项都不随时间增加。由此可见，只有当

$$(\omega = \pm \omega_{k'k}) \rightarrow (E_{k'} = E_k \pm \hbar\omega) \tag{4-116}$$

时才出现明显的跃迁。也就是说，只有当外界微扰含有频率 $\omega_{k'k}$ 时，电子(体系)才能从 Φ_k 态跃迁到 $\Phi_{k'}$ 态，这时电子(体系)吸收或发射的能量为 $\hbar\omega_{k'k}$。这说明我们所讨论的跃迁是一个共振现象。因此，我们只需讨论 $\omega = \pm \omega_{k'k}$ 的情况。

将式(4-115)代入式(4-111)，当 $\omega \approx \omega_{k'k}$ 时，式(4-115)右边只取第二项，当 $\omega \approx -\omega_{k'k}$ 时，则只取第一项，于是得到由 Φ_k 态跃迁到 $\Phi_{k'}$ 态的概率为

$$P_{k \rightarrow k'} = |a_{k'}(t)|^2 = \frac{4|F_{k'k}|^2 \sin^2 \frac{1}{2}(\omega_{k'k} \pm \omega)t}{\hbar^2 (\omega_{k'k} \pm \omega)^2} \tag{4-117}$$

当 $\omega \approx \omega_{k'k}$ 时，式(4-117)右边都取负号；当 $\omega \approx -\omega_{k'k}$ 时，右边都取正号。

利用公式

$$\lim_{t \rightarrow \infty} \frac{\sin^2 xt}{\pi t x^2} = \delta(x) \tag{4-118}$$

令 $x = \frac{1}{2}(\omega_{k'k} \pm \omega)$，并用公式 $\delta(ax) = \frac{1}{a}\delta(x)$，则式(4-117)可改写为

$$P_{k \rightarrow k'} = \frac{\pi t}{\hbar^2}|F_{k'k}|^2 \delta\left(\frac{\omega_{k'k} \pm \omega}{2}\right) = \frac{2\pi t}{\hbar^2}|F_{k'k}|^2 \delta(\omega_{k'k} \pm \omega) \tag{4-119}$$

将式(4-106)代入式(4-119)，有

$$P_{k \rightarrow k'} = \frac{2\pi t}{\hbar^2}|F_{k'k}|^2 \delta(E_{k'} - E_k \pm \hbar\omega) \tag{4-120}$$

以 t 除 $P_{k \rightarrow k'}$ 得到单位时间内的电子(体系)由 Φ_k 态跃迁到 $\Phi_{k'}$ 态的概率

$$p_{k \rightarrow k'} = \frac{2\pi}{\hbar^2}|F_{k'k}|^2 \delta(E_{k'} - E_k \pm \hbar\omega) \tag{4-121}$$

由于 $\delta(x)$ 函数只有在宗量等于零时本身才不为零，所以式(4-120)和式(4-121)中的 $\delta(x)$ 函数把能量守恒条件式(4-116)明显地表示出来了。方程(4-121)就是散射理论的基本结果之一。若载流子之间的相互作用很弱，即两次相邻碰撞之间的自由飞行时间足够长，则方程(4-121)为费米黄金法则。在弹性散射中，式(4-121)中的 $\hbar\omega$ 项由零代替。这样，无论是晶格散射(非弹性散射)还是离化杂质散射(弹性散射)的散射率都可由式(4-121)给出。另外，在实际问题处理中，某些类型的晶格散射吸收或发射声子的能量较 $K_B T$(K_B 是玻尔兹曼常数，$K_B T$ 是微观分子的平均动能)很小，也可视为准弹性散射处理。

更具体地，当 $E_k > E_{k'}$ 时，式(4-121)可改写为

$$p_{k \rightarrow k'} = \frac{2\pi}{\hbar^2}|F_{k'k}|^2 \delta(E_{k'} - E_k + \hbar\omega) \tag{4-122}$$

即仅当 $E_{k'} = E_k - \hbar\omega$ 时，跃迁概率才不为零，体系将会由 Φ_k 态跃迁到 $\Phi_{k'}$ 态，发射出的能量为 $\hbar\omega$。当 $E_k < E_{k'}$ 时，式（4-121）可改写成

$$p_{k \to k'} = \frac{2\pi}{\hbar^2} \mid F_{k'k} \mid^2 \delta(E_{k'} - E_k - \hbar\omega) \qquad (4-123)$$

这时只有当 $E_{k'} = E_k + \hbar\omega$ 时，跃迁概率才不为零。跃迁过程中，电子（体系）吸收的能量为 $\hbar\omega$。

在式（4-121）中，将 k' 和 k 对调，即得电子（体系）由 $\Phi_{k'}$ 态跃迁到 Φ_k 态的概率。因为 $\hat{F}$ 是厄米算符，$\mid F_{k'k} \mid^2 = \mid F_{kk'} \mid^2$，所以有

$$P_{k \to k'} = P_{k' \to k} \qquad (4-124)$$

即电子（体系）由 Φ_k 态跃迁到 $\Phi_{k'}$ 态的概率，与电子（体系）由 $\Phi_{k'}$ 态跃迁到 Φ_k 态的概率相等。

4.5 晶体 Si 载流子散射模型

在上一节中，我们已经建立了散射的量子力学理论基础——费米黄金法则，并将各种散射势能考虑进来，获得了描述粒子由一个状态跃迁到另一个状态的各跃迁概率模型。而事实上，为使用费米黄金法则，必须求得 $\hat{F}$，然后使用式（4-114）计算微扰矩阵元 $F'_{k'k}$。

具体到晶体 Si 来说，电子主要受到离化杂质中心散射、声学声子振动散射和谷间声子散射的影响，而对于空穴来说，它的散射机制主要有离化杂质中心散射、声学声子振动散射和非极性光学声子散射这几种。各种散射模型会有对应的微扰势表达式，有了微扰势之后，利用前述知识，结合玻尔兹曼方程碰撞项近似关系，便可建立晶体 Si 的电子和空穴的散射机制模型，即倒数动量弛豫时间（$1/\tau$）。最终建立晶体 Si 离化杂质散射、声学声子散射、非极性光学声子散射、谷间声子散射概率模型，分别用 P_{II}、P_{ac}、P_{op}、P_{in} 表示。

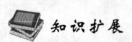 知识扩展

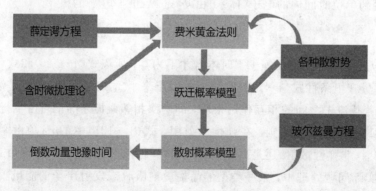

离化杂质散射概率模型：

$$P_{II} = \frac{1}{\tau_i} = \frac{N_i e^4}{16\pi (2m^*)^{1/2} (\varepsilon_0 \varepsilon)^2 (E - E_c)^{3/2} \ln\left(\dfrac{12 m^* K_B^2 T^2 \varepsilon_0 \varepsilon}{e^2 \hbar^2 n_i}\right)}$$

声学声子散射概率模型：

$$P_{ac} = \frac{1}{\tau_{ac}} = \frac{\sqrt{2}\, m^{*3/2} \Xi^2 K_B T (E-E_c)^{1/2}}{\pi \hbar^4 c_1}$$

非极性光学声子散射概率模型：

$$P_{op} = \frac{1}{\tau_{op}} = \frac{D_0^2 (m^*)^{3/2}}{2^{1/2} \pi \hbar^3 \rho \omega_0} \left(n_{op} + \frac{1}{2} \mp \frac{1}{2} \right) (E - E_c + \hbar \omega_0)^{1/2}$$

谷间声子散射概率模型：

$$P_{in} = \frac{1}{\tau_{in}} = \frac{D_i^2 (m^*)^{3/2} Z_f}{2^{1/2} \pi \hbar^3 \rho \omega_i} \left(N_i + \frac{1}{2} \mp \frac{1}{2} \right) (E - E_c + \hbar \omega_i - \Delta E_{fi})^{1/2}$$

式中，m^* 为晶体 Si 载流子状态密度有效质量，它随应力作用变化明显，如图 4-27 所示。图中 s-Si 为应变 Si，x 为 Ge 组分，其他参数的具体数值如表 4-2 所示。

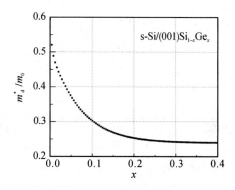

图 4-27 四方晶系应变 Si 空穴状态密度有效质量

任何时候，各散射机制均同时存在，因而需要把各种散射机构的散射概率相加。例如，晶体 Si 空穴的总散射概率为

$$P = \sum_i P_i = P_{\text{II}} + P_{ac} + P_{op} \tag{4-125}$$

表 4-2 计算所需参数值

物 理 量	符号	单位	数值
离化杂质浓度	N_i	cm^{-3}	10^{17}
声学声子形变势常数	Ξ	eV	9.0
非极性光学形变势常数	D_0	$eV \cdot cm^{-1}$	2.5×10^8
纵向弹性常数	c_1	$kg/(m \cdot s^2)$	1.903×10^{11}
真空介电常数	ε_0	$F \cdot m^{-1}$	8.854×10^{-12}
介电常数	ε	—	11.9
长波光学声子能量	$\hbar \omega_0$	eV	0.0579
光学声子数	n_{op}	—	0.121
材料密度	ρ	$g \cdot cm^{-3}$	2.329

　　为了增强读者对该概念的量化认识，我们以应变晶体 Si（应变状态的晶体 Si）空穴散射模型为例予以说明。

　　图 4-28(2D、3D)、图 4-29(2D、3D)、图 4-30(2D、3D)分别为不同应力状态下（由 Ge 组分 x 表征）应变晶体 Si 空穴离化杂质散射、声学声子散射和非极性光学声子散射概率与能量的量化关系。由图 4-28 可见，应变晶体 Si 空穴离化杂质（掺杂 10^{17}）散射概率随能量的增加而减小。当能量 E 为 40 meV 时（根据热力学统计原理可知，空穴输运的平均能量为 $E=1.5K_BT=0.04$ eV），离化杂质散射概率（P_{II}）随应力的增加而增加。

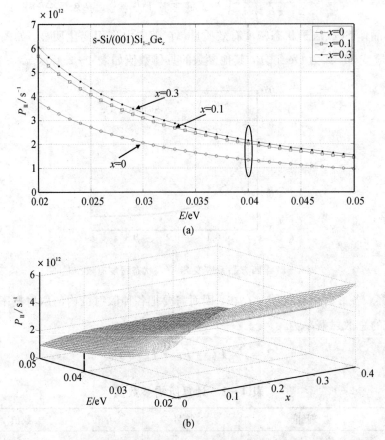

图 4-28　应变晶体 Si 空穴离化杂质散射概率与能量 E、Ge 组分 x 的关系

　　由图 4-29、图 4-30 可见，应变晶体 Si 空穴声学声子和非极性光学声子散射概率均随能量的增加而增大。当能量 E 为 40 meV 时，空穴声学声子散射概率在应力作用下较未应变晶体 Si 有显著的降低。非极性光学声子散射分为吸收声子（＋）和发射声子（－）两种情况，当能量 E 为 40meV 时，只需考虑吸收声子情况下空穴的散射（见图 4-30(c)）。该散射概率（P_{op}）随应力的增大而减小。

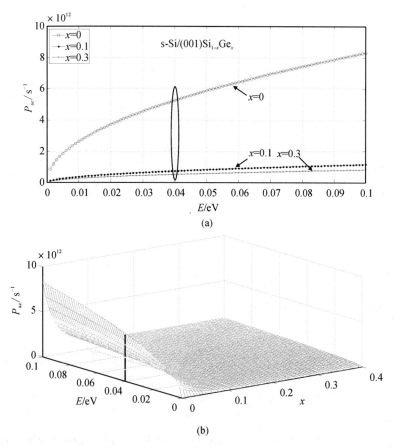

图 4-29　应变晶体 Si 空穴声学声子散射概率与能量 E、Ge 组分 x 的关系

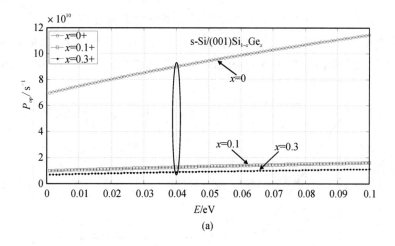

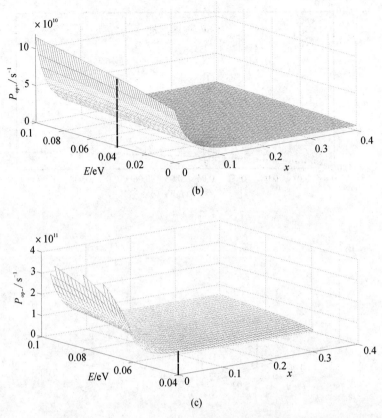

图 4 - 30 应变晶体 Si 空穴非极性光学声子散射概率与能量 E、Ge 组分 x 的关系

现在讨论能量为 40 meV 时应变晶体 Si 空穴总散射概率与应力强度的关系(见图 4 - 31)。由图可知,应变晶体 Si 空穴的总散射概率与应力强度成反比。当 Ge 组分 x 低于 0.2 时,s-Si/(001)Si$_{1-x}$Ge$_x$ 空穴的总散射概率在应力的作用下陡降;之后,其随应力的变化趋于平缓。与未应变晶体 Si 相比,应变晶体 Si 空穴的总散射概率最多可减小约 66%。

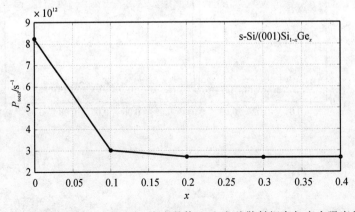

图 4 - 31 当能量 E=0.04 eV 时,应变晶体 Si 空穴总散射概率与应力强度的关系

这里需要特别指出的是，未应变晶体 Si 价带空穴的各散射机制均分为带间和带内散射两种情况，空穴迁移率计算不计带间散射情况。与未应变晶体 Si 相比，应变晶体 Si 价带顶简并消除，轻、重空穴带发生分裂（见图 4-32），空穴带间散射情况也可忽略。这就意味着，应变晶体 Si 在应力作用下空穴总散射概率的降低与其价带分裂能大小无关，仅与由能带分裂产生的轻、重空穴带间耦合作用致空穴有效质量变化有关，即应变晶体 Si 空穴状态密度的有效质量随应力的减小将会导致其总散射概率降低。

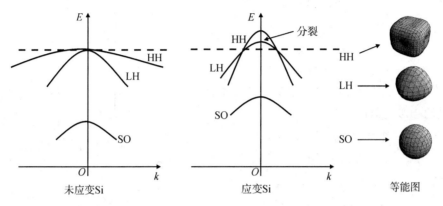

图 4-32　四方晶系应变 Si 价带分裂示意图

应变晶体 Si 空穴迁移率增强与其散射概率的减小密切相关，本节讨论的应变晶体 Si 空穴散射概率量化模型可为 Si 基应变材料物理的理解及器件的研究设计提供有价值的参考。

本 章 小 结

本章讨论了量子力学中重要的近似方法——微扰理论，包括非简并、简并和含时微扰理论，然后将这些微扰理论应用于晶体 Si 导带结构、价带结构，以及载流子散射概率模型的建立。本章的内容旨在帮助同学们将所学量子力学相关知识系统化，并探讨如何将量子力学的相关知识应用于专业领域。

习　题

1. 带电荷为 q 的一维谐振子处于恒定外电场 E 中，计算基态能量的修正，准确至 E^2 级。

2. 一维无限深势阱（$0 < x < a$）中的粒子，受到微扰 H' 作用

$$H' = \begin{cases} 2\lambda \dfrac{x}{2}, & 0 < x < \dfrac{a}{2} \\ 2\lambda \left(1 - \dfrac{x}{a}\right) & \dfrac{a}{2} < x < a \end{cases}$$

求基态能量的一级修正值。

3. 设非简谐振子的 Hamilton 量表示为 $H = H_0 + H'$,

$$H_0 = -\frac{\hbar^2}{2\mu}\frac{d^2}{dx^2} + \frac{1}{2}\mu\omega^2 x^2, \quad H' = \beta x^3 \quad (\beta \text{ 为实数})$$

用微扰理论求其能量本征值(准确到二级近似)和本征函数(准确到一级近似)。

4. 一个质量为 m 的粒子在一维势阱

$$U(x) = \begin{cases} \infty, & x < -2a, \ x > 2a \\ 0, & -2a < x < -a \\ 0, & a < x < 2a \\ U_0, & -a < x < a \end{cases} \text{ 中运动,}$$

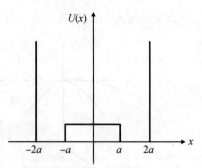

第 4 题附图

把 U_0 当作对在无限深方势阱中运动粒子的微扰,求粒子基态能量的一级近似值。

5. 设一量子体系的 Hamilton 量为

$$\hat{H} = \begin{bmatrix} E_1 & a_1 & a_2 \\ a_1^* & E_2 & a_3 \\ a_2^* & a_3^* & E_3 \end{bmatrix}$$

而且 $|a_1|^2, |a_2|^2, |a_3|^2 \ll 1$,试利用微扰法计算体系能量的一、二级修正值。

6. 在 H_0 表象中,若哈密顿算符的矩阵形式为

$$\hat{H} = \begin{bmatrix} E_1^0 & 0 & a \\ 0 & E_0^2 & b \\ a^* & b^* & E_3^0 \end{bmatrix}$$

其中,$E_1^0 < E_2^0 < E_3^0$,利用微扰理论求能量至二级近似。

7. 当 λ 为一小量时,利用微扰理论求矩阵

$$\begin{pmatrix} 1 & 2\lambda & 0 \\ 2\lambda & 2+\lambda & 3\lambda \\ 0 & 3\lambda & 3+2\lambda \end{pmatrix}$$

的本征值至 λ 的二次项,求本征矢至 λ 的一次项。

参 考 文 献

[1] 周世勋. 量子力学教程[M]. 北京：高等教育出版社，1979.

[2] 邹宪法. 量子化学中的数学（译著）[M]. 北京：人民教育出版社，1981.

[3] 梁淑娟. 量子力学[M]. 广东：华南工学院出版社，1987.

[4] 封继康. 基础量子化学原理[M]. 北京：高等教育出版社，1987.

[5] 胡德宝. 群论与固体能带结构[M]. 吉林：吉林大学出版社，1991.

[6] 赵毅强，姚素英，解晓东等. 半导体物理与器件（译著）[M]. 北京：电子工业出版社，2005

[7] 黄昆. 固体物理学[M]. 北京：高等教育出版社，1985

[8] 叶良修. 小尺寸半导体器件的蒙特卡罗模拟[M]. 北京：科学出版社，1997.

[9] 刘恩科，朱秉升，罗晋生. 半导体物理学[M]. 北京：国防工业出版社，1994.

[10] 李名復. 半导体物理学[M]. 北京：科学出版社，1998

[11] 徐毓龙. 材料物理导论[M]. 四川：电子科技大学出版社，1995.

[12] 喀兴林. 高等量子力学[M]. 北京：高等教育出版社，1999.

[13] 徐在新. 高等量子力学[M]. 上海：华东师范大学出版社，1994.